# 지하철로 떠나는 '서울' 산으로의 여행

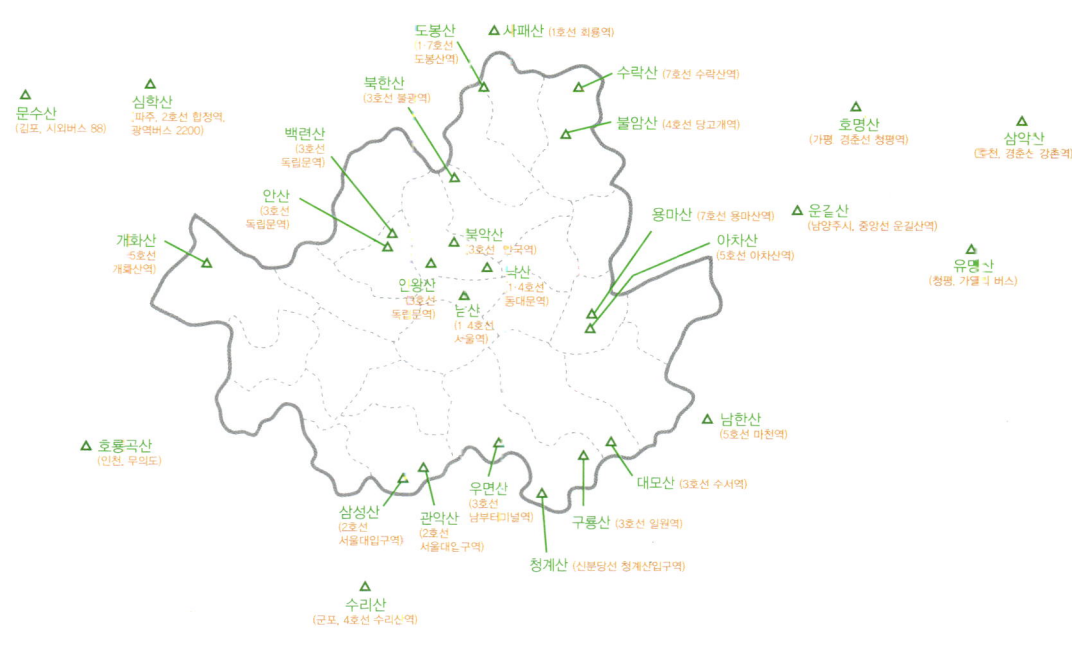

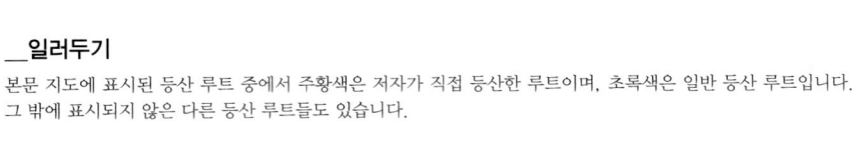

## __일러두기

본문 지도에 표시된 등산 루트 중에서 주황색은 저자가 직접 등산한 루트이며, 초록색은 일반 등산 루트입니다.
그 밖에 표시되지 않은 다른 등산 루트들도 있습니다.

여자 서른
산이 필요해,

여 자 서 른
산 이  필 요 해,

**초판 1쇄 펴낸 날**  2012.9.21

지은이    이송이
발행인    홍정우

편집인    이민영
디자인    강영신
마케팅    김성규, 한대혁
발행처    브레인스토어
등록      2007년 11월 30일(제2007-000238호)
주소      (121-894) 서울시 마포구 서교동 381-36 1층
전화      (02)3275-2915~7
팩스      (02)3275-2918
이메일    brainstore@chol.com

의상 협찬 : 와일드로즈
값은 뒤표지에 있습니다.
잘못 만들어진 책은 구입하신 서점에서 바꾸어 드립니다.

**bs**
브레인스토어

여자의 등산은 정복이 아닌 행복이다

# 여자 서른
# 산이 필요해,

이송이 찍고 쓰다

상처투성이 여자 서른의 삶
산으로 바꾸고 산으로 보듬다!
등산 아는 여자, 이송이가 전하는 산과 친해지고 행복해지는 법

## 산과 나, 그리고 힐링

좋은 음악과 한 잔의 차, 편안한 의자와 책이 있는 카페처럼, 산은 내게 사라지지 않는 힐링의 장소다. 산에는, 그리고 그 안의 숲에는 좋은 음악보다 더 좋은 음악이 있다. 새소리, 바람소리, 풀이 일어났다 앉았다 하는 소리, 나무가 손 흔드는 소리, 그 중에서도 내가 가장 좋아하는 '바그작바그작' 내 발이 흙길을 걷는 소리가 있다.

산에는 한 잔의 차보다 더 좋은 차가 있다. 흙속으로 고요히 흘러들어 수많은 바위결을 지나 마침내 어느 한 점 소박한 곳에서 스르륵 스며나오거나 흘러나오는 샘물이 있다. 산에는 편안한 의자보다 더 편안한 의자가 있다. 폭신한 쿠션 대신 더 폭신한 흙과 안락한 팔걸이보다 더 안락한 바위가 있다. 산에는 때때로 책보다 더 마음을 크게 열어주는 풍경이 있다. 아래에서 저 위를 향해 보내는 동경의 눈길과 위에서 저 아래를 향해 보내는 애잔한 시선이 있다. 책이 주는 감동보다 더 큰 자연에의 감동이 있다.

산으로 가는 것은 세상을 떠도는 인간의 언어로부터 스스럼없이 격리되는 것, 내어주고 또 내어주는 숲의 이야기를 가만히 들어볼 수 있는 그 시공간이 아무것 없이도 나를 만족시킨다. 사람들과 어울려 별스럽지도 않은 일을 별스러운 듯 재잘거리며 숲을 거닐 때도 숲과 나누는 무언의 대화는 계속된다. 그럴 때 숲과 나는 서로에게 털어놓았던 비밀을 살짝 감춰주듯 우리간 아는 눈빛을 주고받는다. 서로에게 보내는 미소만으로도 숲과의 소통은 충분하다. 부연설명 따위는 필요 없다.

## 마음 키우기

어른이 되면 저절로, 정말 어른이 될 줄 알았다. 하지만 나이를 먹어도 저절로 어른이 되지는 않았다. 한 살 한 살 먹으면서 입던 옷이 작아지던 어린 시절에는 마음도 몸처럼 계속 커지는 것인 줄 알았다. 생각보다 너무 빨리 성장이 멈춰버렸을 때 당황했던 기억처럼, 마음이 더 이상 커지지 않는 것 같은 지금도 종종 당혹스럽다. 몸은 저절로 컸는데 마음은 저절로는 커지지 않았다. 마음은 노력해야 커진다. 아니면 몸만 어른이 된다.

상처와 혼돈 속의 인간. 사람은 끊임없이 스스로를 치유하며 앞으로 간다. 자가치유 방식은 개성에 따라 다양하다. 누군가는 글을 쓰고 누군가는 산에 오르고 누군가는 운동을 하며 누군가는 책을 읽고 또 누군가는 일을 한다.

하지만 누군가는 먹고 누군가는 울고 누군가는 소리를 지르고 누군가는 남에게 상처를 준다. 끊임없이 과거를 돌아보며 후회하고 누군가를 원망하고 살던 곳을 떠나기도 한다. 그리고 이 두 방식을 동시에, 혹은 번갈아가면서 하기도 한다.

상처받은 인간의 마음을 치유하는 데 더 없이 좋은 것은 자연이 주는 영양제다. 산과 숲이다. 자연은 언제나 그랬듯 시나브로 사람을 키운다. 끊임없는 경쟁, 덧없는 집착, 피할 수 없는 상처, 자질구레한 욕심, 이루어질 수 없는 꿈…. 숲은 그렇게 욕망과

괴로움, 그로 인한 스트레스로 혼미했던 정신을 맑게 깨우곤 한다. 혼자 서운한 마음, 혼자 화내고 다시 혼자 용서하는 미련함, 혼자 사랑하고 혼자 미워하던 슬픔, 혼자 왔다가 혼자 떠나는 쓸쓸함, 그런 혼자의 것들을 가만히 꺼내어 보듬어 볼 수 있는 곳, 숲은 혼자의 것들에 무한한 위로를 보낼 수 있는 너그러운 장소다. 저마다 제 모양껏 아름답게 펼쳐진 자연처럼 스스로를 그런대로 자연스럽게 인정하는 법을 배운다.

객관적인 행복 속에서 살아간다고 해도 행복이라는 모호한 감정이 절로 찾아드는 것은 아니다. 행복이라는 감정은 어쩌면 꾸준한 연습 속에서 싹트는 것인지도 모른다. 오늘 행복해야 내일도 행복하다. 오늘 가지 않으면 내일도 못 간다.


## 산 하나에 나 하나, 산 하나에 삶 하나

윤동주는 별 하나에 추억과 별 하나에 사랑과 별 하나에 쓸쓸함을 노래했지만 나는 산 하나에 삶의 의미 하나를 찾는다. 산을 잘 알지도 못하고 나무나 풀, 꽃들의 이름조차 생소해 하는 내게, 산은 처음 대면하는 날이라도 아예 모른 척하지 않는다. 냉정하게, 무심하게 굴지 않는다. 등을 내주고 나를 업는다. 초록의 호흡으로 숨을 불어넣는다.

어린 나를 목마 태우며 즐거워하던 아빠처럼 기어이 목마를 태우고는 한 바퀴 휙, 저 아래 세상 구경을 시킨다. 산은 왠지 모를 그리움을 품고 있다. 오르는 게 힘들어도 자꾸 산을 찾는 이유, 그것은 아마도 누구에겐가로 어딘가로 향하는지도 모르는 저 밑바닥의 그리움 때문일 테다.


2012년 9월
숲 속 비밀카페에서, 이송이

숲

숲에 가보니 나무들은
제가끔 서 있더군
제가끔 서 있어도 나무들은
숲이었어
광화문 지하도를 지나며
숱한 사람들을 만나지만
왜 그들은 숲이 아닌가
이 메마른 땅을 외롭게
지나치며 낯선
그대와 만날 때
그대와 나는 왜
숲이 아닌가

— 정희성

"예전에는 세상 전체가 신성한 지역이었으며 인간의 삶 역시 신성한 것이었다. 그러
나 밭에 곡식을 심게 된 후로는 신에게 속하지 않는 지역, 즉 세속적인 지역이 생겨났
으며, 이 지역은 씨앗을 뿌리기 위해 미리 벌거숭이가 되어 초토화되었다."

—<식물의 역사와 신화(자크 브로스)> 중에서—

　우리들 대부분이 자연을 잃은 것은 얼마 되지 않은 일이다. 100년, 200년 전만 해도 인간의 삶은 이렇지 않았다. 자연은 자연스럽게 늘 곁에 있었고 식량의 보고이자 놀이터였으며 삶의 터전이었다. 그런데 지금, 서울에 사는 도시인에게 식량의 보고는 대형마트이고 놀이터는 술집이나 카페, 극장 같은 실내공간이며 삶의 터전은 빌딩숲이 되었다.

　반면 우리 몸은 100년, 200년, 아니 천년, 만년 전과 거의 그대로다. 우리가 천년, 만년 동안 가까이하던 초록의 자연은 이제 부러 찾아가야 하는 곳, 능동적으로 찾지 않으면 만날 수 없는 것이 되었다. 산소 가득한 공기를 들이마시던 코와 입은 각종 매연과 먼지 속에서 콜록거리고 먼 데를 보던 눈빛은 작은 기계들에 집중해 있다. 느슨하게 흙길을 달리던 발은 꽉 조여진 채 딱딱한 아스팔트를 걷거나 얌전히 두발 모은 채 바퀴위에 올라타고 있다. 피로하지 않을 수가 없다. 지치고 맥 빠지지 않을 리 없다. 병

들지 않는 사람이 신기하다.

　자연에 맘껏 기대며 사는 생활을 포기할 수밖에 없는 서울생활이지만 궁여지책으로 그래도 서울에는 산이 있고 그 속에는 숲이 있다. 산은 더 이상 올라야 하는 봉우리만을 의미하지 않는다. 서울살이에서 산은 곧 자연이다. 나무가 있고 숲이 있고 싱그러운 공기가 있고 밟을 흙이 있는, 천연의 물이 있고 바위가 있는 그대로의 자연이다. 오르지 않아도 좋다. 계곡이나 바위 언저리에 자리를 잡고 앉아 하루 종일 책을 읽거나 도시락을 까먹어도 좋다. 잠시나마 자연으로 돌아왔다는 기쁨, 그것으로 족하다. 그렇게 산은 인간으로서의 원초적 삶에 귀 기울이게 한다.

**Part 1**

# 여자,
# '서울' 산에서
# 힐링하다

**CONTENTS**

# Part 1　여자, '서울'산에서 힐링하다

싱글 산행 다이어리 ┃ 산림테라피, 등산이 내 몸을 살린다! ┃ 그래도 놓칠 수 없는 스타~~일과 산행음식

# 싱글 산행
# 다이어리

# 1. 여자, 싱글! 마운틴?

## 나홀로 선데이

나는 휴일 아침 새벽공기를 맡으며 산에 갈 만큼 부지런하지는 않다. 아니 30대 여자는 그만큼 한가하지도 여유롭지도 않다. 평일엔 새벽같이 화장하고 일터로 나가야 하고 퇴근 시간 후에도 야근이며 자기개발에 온 힘을 쏟아야 하는 우리가 아니던가. 휴일마저 새벽형 인간으로 살아내기엔 남아있는 체력이 바닥난지 오래다. 더구나 휴일 아침이면 어김없이 요란한 복장을 하고 행군하는 중년의 아저씨와 아줌마들 무리에 합류하고 싶은 생각은 더더욱 없다.

하지만 나의 주말이란 그리 자랑스러운 모습은 아니다. 울리지 않는 휴대폰과 약속 없이 화창하기만 한 오후, 충전을 핑계로 한 낮잠과 TV와 노트북을 낀 채 하루 종일 늘어져 있는 팔다리는 오징어처럼 흐늘거린다. 현재의 몸은 사흘 전에 먹은 음식물의 총체이고 지금의 건강은 10년 전에 함부로 굴린 시간의 결과라는데, 나는 무얼 먹고 어떻게 살았길래 이렇게 형편없는 모습인 걸까 스스로 한심해진다.

사실 주말이라도 서울을 벗어나기란 영 쉽지 않다. 밀리는 차 때문에 그렇고 늦잠 때문에도 그렇다. 사실 만만한 여행파트너를 구하기도 쉽지 않다. 몸 사리지 않고 열중했던 20대의 인간관계는 선후배, 또래들의 잇단 결혼소식, 출산소식과 함께 멀어져만 가고 아직 싱글인 몇 안 남은 친구들에게 기대어 황금 같은 휴일을 저당 잡힐까 말까 고민하는 주말이다.

인정하긴 싫지만, 여자 나이 서른을 하나둘 넘기면서 주말을 함께 보낼 친구들 역시 하나둘 사라진다. 함께라면 죽고 못 살던 그들이었지만 시집, 장가를 간 친구들과는 어쩌다 경조사 때나 만나는 소원한 사이가 되어버리고 주말 만남은 민폐가 되기 일쑤다. '주말은 가족과 함께'라는 슬로건을 무너뜨릴 힘이 우정에는 없다.

더구나 20대 때는 그토록 재미있었던 놀이들이 비로소 시시해지기 시작하는 것이다. 나이에 따라 자연스럽게 놀이문화도 변한다. 나를 즐겁게 하는 화제가 전폭적으로 달라진다. 남녀를 불문하고 나이가 차던 짝을 이루는 것이 자연의 섭리라는 듯 그 섭리를 거스르는 모든 행위의 만족도는 줄어든다. 어쩐지 처량해지는 30대 싱글녀들, 애인이 없는 건 괜찮은데 같이 놀 만만한 친구들조차 줄어간다는 건 좀 서럽다.

## 서울, 등산의 시작

1월 1일, 이 해가 가고 다음해가 올 때, 그 새해 아침의 태양이 평범했던 다른 날의 태양과는 전혀 다른 특별한 태양이라고는 물론 생각하지 않는다. 그럼에도 새롭게 새해의 계획을 세우는 건 생일날 케이크에 나이수대로 꽂혀 있는 촛불을 단숨에 '훅' 하고 불며 무언가를 소원하듯이 자기만의 암시, 혹은 의식 같은 것이다. 그런저런 이유들로 매 주말마다 웬만하면 어김없이 해보자던 이번 등산일정은 2012년 새해의

계획으로 시작됐다. 말하자면 새해에는 몸이든 정신이든 조금쯤 달라진 나를 만들어 보자는 일종의 다짐 같은 것이다.

주말마다 산에 올라간다는 것이 하나도 특별하지는 않다. 하지만 나름은 거창한 계획이다. 일주일에 한 번은 자연을 마주하고픈 설렘이고 게으른 몸을 일으켜 신선한 바람을 마주하려는 의지다.

더구나 내가 사는 이 땅은 국토의 70%가 산이지 않은가. 등산을 작정하고 서울과 근교 산을 둘러보니 생각보다 많은 산들이 서울이라는 거대도시의 빌딩 사이를 비집고 들어서 있었다. 아니 이 많은 산들을 비집고 아파트를 지었고 그 속에 우리가 살고 있다.

북한산이나 도봉산, 청계산, 관악산 같이 등산하면 떠오르는 익숙한 이름들부터 안산·백련산, 대모산·구룡산, 개화산 같이 그 동네 주민들이나 알 법한 야트막한 산들도 있다. 남산과 낙산, 인왕산, 북악산 같이 한양을 아우르며 성곽을 쌓았던 산들을 비롯해 그 이름마저 생소한 사패산과 삼성산 등 서울에만도 크고 작은 산이 서른여 개나 있다는 사실에 새삼 놀란다.

그러고 보니 어느 동네에 살든 우리 곁에는 늘 이름 모를 뒷산, 앞산, 옆산이 있었다. 동네의 언덕 같은 작은 산이라도 산은 산이다. 올라야 하니 산이고 나무가 무성하니 또 산이고 발 아래 전망이 그럴 듯 하니 역시 산이다. 산이 갖춰야 할 요건 같은 것이 있다면 동네의 야트막한 뒷산에도 있을 건 다 있다. 우리나라 국토 어디든 무시로 뻗어있는 낮은 산들은 동네 구멍가게처럼 친근하다.

서울 골목 여행도 좋고 맛집 탐험도 좋지만 서울산을 빼놓고는 서울을 즐긴다고 말할 수 없을 것 같다. 당분간은 '일요일엔 짜파게티~' 대신 일요일엔 마운틴이다.

## 침대를 버리고 산으로, 숲으로

세상에서 가장 어려운 일은 어쩌면 약속 없는 휴일 아침에 침대에서 내려오는 일이다. 그것에는 아무런 책임도 없고 누군가의 명령이나 요구도 들어있지 않다. 스스로에 대한 자질구레한 규칙과 기대도 휴일만은 예외로 놓아둔다. 휴일 아침은 내 것만도 아니고 오로지 휴일 그 자체의 것처럼 느껴진다.

휴일에 산에 가는 것이 어려운 것은 산에 오르는 고된 행위 때문이 아니라 늦잠의 유혹과 이부자리의 포근함 때문이다. 휴일날 늦잠을 마다하고 산 입구에 도달하기까지의 온갖 귀찮음과 '갈까 말까'하는 마음의 망설임을 이길 수 있다면 반 이상은 성공한 것이다.

산행은 적극적이면서도 한편 수동적인 행위다. 집을 나설 때까지는 적극성이 필요하지만 일단 산 입구에 진입하기만 하면 이후부터는 자연이 절로 만들어주는 경치에 고개를 까딱거리며 다리만 움직이면 된다. 바람이 불면 부는 대로 햇볕이 내리쬐면 쬐는 대로 자연을 느끼는 것이다. 비가 오거나 눈이 온데도, 새순이 돋거나 잎을 펼치거나 단풍이 들거나 앙상한 가지를 흔들어도 우리는 전혀 관여할 수 없다. 관여하지 않아서 홀가분하고 감히 판단할 수 없어서 작아지는 것이 두렵지 않다.

누군가는 산에 오르며 사회에서는 흔히 맛보지 못하는 성취감을 맛본다지만 나로서는 작고 나약한 것이 나라는 사실을 자연 속에서 좀 더 쉽게 받아들일 수 있어 편안한 마음이 된다.

# 2. 지쳐 가는 몸과 마음에 자연 선물하기

**오르지 않고 업힐 때, 빼기 더하기를 열심히 할 때**

　나는 곧잘 산에 가지만 실은 산을 잘 모른다. 풀이름, 나무이름, 꽃 이름도 잘 모르고 흙이나 암석의 기원도 잘 모른다. 그래도 당당하게 산으로 간다. 산에 오른다. 아니, 산에 업힌다는 표현이 더 어울린다. 아무것도 모르는 나를 산이 업는다.

　산에 업히려면 우선 어깨에 힘을 빼고, 몸에 땀도 빼고, 머릿속 생각도 빼야 한다. 그러다보면 자연의 기운을 더하고, 신선한 생각을 더하고, 다시 살아갈 힘을 더한다. 산은 내게 온몸으로 빼기 더하기를 반복하게 하는 산수게임 같은 것이다. 인생의 셈법을 다시 배운다.

　산에는 평소에 아무렇지도 않게 생각했던 것들뿐이다. 신기할 것도, 놀라울 것도 없다. 풀, 꽃, 나무, 흙, 바위, 계곡 같은 것들이 무한히 펼쳐져 있다. 그렇게 아무렇지도 않은 것들 속을 걷다보면 그것들이야말로 특별한 것이고 놀라운 것이고 신기한 것임을 비로소, 또 새삼스럽게 알게 된다. 아무렇지도 않은 것들에 눈길을 줄 때, 그 아무것도

아닌 것들은 어느새 특별한 선물이 되고, 문득 생각지도 못한 즐거움이 싹튼다.

등산! 산에 오른다? 아니다. 산에 업힌다.

## 만성피로야, 물렀거라

"산에 가자"고 하면 몇몇을 제외하곤 돌아오는 소리는 대개 뻔하다.

"가고는 싶은데 너무 피곤하다", "주말에 일찍 일어날 자신이 없다", "체력이 약해서 힘들 것 같다" 등이다. 체력이 약해서, 피곤해서, 일찍 일어나기 싫어서 못가는 산. 휴일에 늘어져 있던 몸은 푹 쉰 것 같아도 금방 다시 피곤해지고 몸이 피곤하니 휴일엔 또 늘어져 쉬어야 한다. 악순환은 계속된다.

피로는 많이 잔다고 풀리는 것도 아니고 몰아서 쉰다고 없어지는 것도 아니다. 일과 스트레스, 각종 전자기기들 때문에 지치고 약해진 몸을 주기적으로 돌봐줘야 만성피로에서도 조금씩 벗어날 수 있다. 규칙적인 생활습관과 좋은 음식을 먹는 것 외에도 큰 부분을 차지하는 것이 운동과 삼림욕이다. 운동을 위해서 산에 오르라는 이야기가 아니다. 산에 오르내리다 보면 운동이란 절로 될 뿐이다.

등산은 폐활량을 높여준다. 폐활량이 늘어나면 몸 속 곳곳에 산소가 충분히 공급된다. 두통이나 무기력도 알고 보면 몸 속에 산소가 원활하게 공급되지 못해서 일어나는 증상이다. 그러니 폐활량이 커져서 산소공급이 잘 되면 피로도는 자연히 줄어든다. 더구나 숲의 산소농도는 도시보다 1~2% 더 높다.

근육량을 키우면 기초대사량이 높아져서 똑같은 양을 먹고도 열량소모가 많아 살이 덜 찌는 체질이 되는 것처럼 현대인의 불치병인 잦은 두통이나 무력감, 만성피로도 운동과 삼림욕을 통해 차츰 해소될 수 있는, 해결 가능한 증상들이다.

## 햇볕도 바람도 초록초록

달콤한 휴일 아침마저 과감히 산에게 내어주는 이유, 초록빛 태양을 쬐고 초록빛 바람을 맞고 싶기 때문이다. 그 상쾌한 중독에 슬며시 걸려들었기 때문이다. 숲에서는 햇볕도 초록색이다. 나뭇잎을 통과한 투명한 빛은 초록으로 거듭난다. 공기도 초록향을 머금고 있다. 아무리 볕이 강한 한낮이라도 숲 속에 들어서면 그것은 초록의 신선한 빛으로 그 자태를 슬며시 바꾼다. 초록은 동색이 아니다. 초록에도 다양한 스펙트럼이 있다. 아기초록, 연초록, 원초록, 진초록, 청록, 에메랄드, 비취, 기타 등등…. 그 하나하나의 색이 다시 빛에 따라 수십 가지로 나뉜다.

빌딩숲에서는 맡아보지 못했던 공기의 다른 질감이 콧 속으로 훅 들어온다. 살랑살랑 부는 바람 속에도 초록빛이 숨겨있다. 풀내음, 꽃향기가 실려있다. 눈이 내다보는 바깥세상의 색깔도 어제하고는 다르다. 초록의 잎과 갈색의 나무줄기, 붉고 검은 흙과 투명한 물줄기, 능선의 짙푸름과 바위의 싫지 않은 회색들이 서로 섞이어 마음

편안한 색감을 만든다. 숲에 오면 평소에 무시로 지나치던 잎새 하나, 흙 한 줌에도 눈길을 줄 여유가 생긴다. 질주하듯 걷지 않고 스스로에게 충분한 시간을 준다면 누구에게나.

## 몸보다 마음, 마음에 보약

산에 다녀온 날은 몸이 피곤한데도 집으로 돌아오는 길에 활력이 넘친다. 왠지 모르게 하고 싶은 일들이 줄줄이 떠오르곤 한다. 어제 못했던 일, 작년에 못하고 만 열, 스무 살에 했더라면 좋았을 일들이 머리를 스친다. 그리곤 내일 하고 싶은 일, 올해 이루고 싶은 일, 십 년 후에 되고 싶은 모습이 어린아이 꿈꾸듯 슬며시 피어오르기도 한다. 활발히 활동하는 몸의 세포들처럼 정신의 세포들에도 신선한 의욕이 솟는다.

그렇게 산은 몸보다 마음에 더 신선한 공기를 불어넣는다. 어느 때는 마음이 저절로 때를 벗은 양 훌훌 가벼워지기도 하고 첫사랑이라도 만난 것처럼 설레임이 두둥실 떠오르기도 한다. 준 것 없는 내게 대가 없는 보약을 준다. 원하기만 한다면 언제라도, 찾아가기만 한다면 어느 때라도.

눈을 돌리는 어디에나 높고 낮은 산들이 우리를 에워싸고 있다. 복잡다단한 도시 서울에서 그나마 위로가 되어주는 것은 가장 가까운 자연, 산이다.

> "자연과 환경은 우리를 위해 있는 것이라기보다는, 그것은 우리의 소중한 한 부분이며, 그대의 지구적 공동체 가족의 동반자이리라."
>
> – 〈인디언 도덕경〉 중에서 –

# 3. 서울산의 매력을 아시나요?

## 언제든 편하게, 지하철 타고 가볍게

도시답지 않게 서울에는 산이 많다. 높고 낮은 산이 서른 개가 넘는다. 도시에 들어앉은 고만고만한 산이라고 무시하지 말자. 알프스 마테호른, 히말라야 안나푸르나, 호주 블루마운틴, 뉴질랜드 케플러트랙, 일본 구주산과 소보산, 가까이는 한라산과 지리산까지, 나도 산이라면 좀 다녀봤다고 말할 만하지만 서울과 근교의 산에서 자주 그에 못지않은 감동을 느낀다.

서울산이 주는 최대의 장점은 아무 때고 자리를 털고 일어나 쉽게 자연으로 들어갈 수 있다는 점이다. 멀리 갈 필요가 없으니 시간도 마음도 여유롭다. 지하철과 시내버스가 닿는 어느 곳에라도 흔하게 산이 있다. 적게는 2~3시간, 길게는 5~6시간이면 서울의 어느 산에라도 다녀올 수 있다. 굳이 정상에 올라야 할 이유 또한 없으니 한두 시간 자연 속을 걸어보는 것만으로도 한결 상쾌하다.

늦잠을 실컷 잔 후, 느지막한 오전이나 정오도 좋다. 근처의 야트막한 산으로 산책을 나가는 것이다. 아침 일찍이 아니어도 좋고 등산복을 완벽히 갖출 필요도 없다.

운동복을 입고도 혹은 반바지에 목이 늘어난 티셔츠를 걸쳐도 상관없다. 피곤한 일주일의 끝에서 다시 정신을 가다듬고, 경건한 의식을 치르듯, 재미있는 놀이를 하듯, 숲속 숨은 그림 찾기를 하듯, 그렇게 산에 가는 것이다.

서울의 산들은 보물이다. 내 곁의 산, 그 산의 숲은 도시인인 우리가 아무 때고 부담 없이 기댈 수 있는 친근한 자연이다. 함께할 친구가 있다면 같이 가고, 여의치 않다면 혼자라도 부담 없이 오르내릴 수 있다. 밑져야 본전이 아니라 밑져야 건강이라는 사실을 새삼 되새기면서.

## 친절한 서울산, 너랑 나랑은 부담 없는 사이

주말과 평일을 막론하고 무시로 등산객이 오가는 서울산에서 고즈넉한 기분을 맛보기란 사실 쉬운 일은 아니다. 먼 산에서 보곤 했던 원시의 숲도 드물고 산에서 보는 전망도 아파트 일색일 때가 많아 먼 데 깊숙하게 첩첩이 들어앉은 시골의 산들보다 못할 때도 많다. 하지만 아무리 좋은 친구라도 멀리 있어 만나기 어렵다면 가까운 이웃사촌만 못하지 않던가.

그런 점에서 서울산은 언제든 사람을 받아들이는 친근한 존재다. 근사한 친구는 아닐지언정 늘 곁에서 바라볼 수 있고 언제든 만날 수 있는 편하고 부담 없는 친구다. 늘 너무 많은 사람들이 오르고 내리는 통에 서울산들은 종종 몸살을 앓기도 하지만 그렇더라도 산이 사람을 거부하는 일은 없다. 봄꽃이 흐드러지거나 단풍이 알록달록 물드는 때에는 한동안 그 몸살이 계속되지만 산은 그마저 어쩔 수 없는 숙명으로 받아들이는 것 같다.

그럼에도 서울산은 여전히 친절하다. 길은 사람이 걷기 좋도록 잘 닦여있고 깔끔한

모습으로 정돈되어 있다. 사람의 보폭으로 내딛기 불편한 곳에는 바위계단이 놓여 있고 경사가 심한 곳엔 나무계단을 만들어 놓았다. 암릉 구간에는 등산로 양쪽으로 밧줄을 늘어뜨린다. 어디든 사람의 손이 잡을 곳이 있고 발이 내딛을 공간이 있다.

게다가 서울산은 세련되고 말쑥한 차림이다. 세련된 서울사람 같다. 잘 차려입은 옷처럼 숲은 간벌된 채로 깔끔하게, 길은 잘 다져진 흙이나 나무데크로 잘 정비되어 있다. 숲의 이력서를 보여주듯 곳곳에 설치된 판넬은 숲의 동식물에 대해 친절히 일러준다. 교복위로 명찰을 붙인 얌전한 학생처럼 나무에도 각자의 이름표를 붙였다. 친절한 안내원처럼 길마다 이정표가 붙어있어 길을 잃을 염려도 별로 없다. 자연스러운 맛은 덜하지만 인공적인 깔끔함이 돋보이는 산길에서 깍쟁이 서울 사람들은 편안함을 느낀다.

## 등산, 힘들지 않게

등산은 힘든 것이라는 이미지가 있다. 그것은 사람들이 등산을 힘들게 하기 때문이다. 물론 등산을 힘들게 하고 싶어 하는 사람들도 있다. 산을 오르며 자신의 한계를 극복하겠다거나 체력을 키워보겠다는 등의 의지를 갖고 등산을 하는 경우다. 일종의 극기克리로서의 등산이다. 등산 다이어트가 유행이 되기도 한다. 땀을 비 오듯이 흘리며 쉬지 않고 오른다. 가끔 새벽산에서는 산악달리기를 하는 사람과도 마주친다.

하지만 그렇지 않은 경우도 있다. 숨을 헐떡이며 땀을 빼고 싶은 사람이 있는 것처럼, 여유롭게 자연에서 숨 쉬고 싶다는 바람 하나로 혹은 계곡물에 발을 담그고 싶다는 소망 하나로 산을 찾기도 한다. 그저 숲이 좋아서, 상쾌한 공기를 맡고 싶어서, 자연 속에서 좀 걷고 싶어서 등산을 택하는 것이다. 서울에 사는 사람이라면 산 외에는 쉽게 자연 속으로 들어갈 별다른 방법이 떠오르지 않기 때문이기도 하다. 이런 사람들에게는 가능하면 에너지 소모를 덜 하면서 충분히 삼림욕을 하는 것이 최고의 산행이다.

산에 간다고 하면 주위 사람들은 말 그대로 산에 오르는 행위가 좋아서 산에 가는 줄 안다. 하지만 내가 좋아하는 건 등산登山이 아니다. 내가 좋아하는 건 산 속에 펼쳐진 자연이고 자연이 내어주는 호흡이고 배낭에 싸들고 간 간식이다. 내가 원하는 건 새소리 물소리이고 나무와의 접촉이고 가감도 없고 과장이나 가식도 없는 계절의 내음이고 사색의 시간이다.

자연으로 돌아가고픈 본능이라면 캠핑을 떠나는 사람이나 집안에 누워 뒹굴거리는 사람이나 크게 다르지 않을 테다. 피곤이나 게으름을 핑계 삼아 곧잘 주말을 무심히 흘려보내는 사람에게도 자연을 누려볼 권리는 있다.

끊임없이 스스로를 단장시키고 단련시켜야 하는 도시생활이 아니라 아침마다 자연스럽게 자연에 눈 뜨는 생활을 꿈꾼다. 나도 모르게 도시인이 되어 있지만 인간의 소박한 본능을 잊지 않고 그것을 만족시키고 싶은 것이다.

산에는 나무가 있고 숲이 있고 흙이 있고 바위가 있고 계곡이 있고 상쾌한 공기가 있다. 누구에게나 거저다. 정상까지 오르지 않아도 좋다. 산 초입이건 산 허리건 마음에 드는 자리 하나 골라잡아 하루 종일 노닥여도 좋다. 계곡에 발을 담그며 신선놀음을 하건 산 정상에서 성취감을 맛보건 어느 쪽이라도 좋다.

"아래로부터 위를 바라보는 것 또한 높은 곳을 올라 아래를 보는 것과 같습니다. 하필이면 험준한 곳을 지나 뾰족한 바위를 오른 뒤에야 아름다운 경치를 보겠습니까?"

조선시대 선비 양이영이 한 말이다.
무릎을 탁 치며 동조하지 않을 수 없다.

# 4. 등산친구 찾기!

## 홀로, 또 함께

　하루, 한 달, 일 년의 시간들을 돌아보면 그 속에서 내 선택으로 하는 일들은 과연
얼마나 되는지 자문하게 된다. 아침에 일어나 어딘가로 향해 하루를 보내고 집으로
돌아오기까지 내 의지는 얼마나 작용했을까. 처음엔 원해서 시작했지만 어느샌가
족쇄가 되어 버린 일이나 왜 하는지조차 잊어버린 일상적인 생활의 시간들이 나의

시간을 차지해버리고 나면 정작 내가 원하는 일들에 할애할 시간은 곧잘 사라져버린다. 그렇게 시간을 채우다보면 어느 순간 원해서 하는 일인지 아닌지조차 불분명해지고 그저 시간이 흐르는 것을 방관자처럼 지켜보게 된다.

그런 의미에서 홀로 하는 산행은 자신과의 단란한 산책이며 자연과 오롯이 교감할 수 있는 잔잔한 여유다. 가끔 혼자 하는 산행은 내게 정신적으로 홀로 있을 수 있는 시간을 마련해 준다. 어느 때고 원할 때 혼자의 고요함 속으로 빠지고 싶다는 욕망을 만족시킨다. 자연에 홀로 선다는 것은 두려움과 설렘을 동시에 갖게 하는 일이다. 혼자라는 어색함도 잠시, 자연이 품어주는 넓은 가슴에 안겨 본다. 산 아래 세상에서는 자기의 길을 자기 본위대로 간다는 것이 쉽지 않은 관계로, 산 위어서만큼은 원하는 길을 원하는 속도로 걷고 원할 때 쉬면서 삶의 주도권이 아직 내게 있음을 깨닫는 것이다. 따라가기 급급했던 정신을 다시 챙겨보는 거다.

한편, 마음 맞는 사람들과 함께하는 등산은 정신적 만족감을 준다. 호젓하게 홀로 걷되 완전히 홀로 가는 것이 아니라 멀지 않은 곳에 동행이 있다는 든든함을 느끼며 걷는 것이다. 동행자가 있더라도 앞서 가는 사람의 속도를 따를 필요는 없다. 체력에 따라 자신의 페이스대로 걷는 것은 생각보다 중요하다. 자신에게 맞는 적절한 속도를 지켜가며 걷다보면 홀로 걷다가 함께 걷다가를 자연스럽게 반복하게 된다.

옆에 누군가 있더라도 좁은 산길에서 앞뒤로 가야하는 산행 중에는 별 말이 필요 없다. 말 없음을 잘 견디지 못하는 소심한 사람이라도 자연스럽게, 또 편안하게 말을 아낄 수 있다. 새가 지저귀어 주는 이유로, 바람이 산들거리는 이유로, 우거진 초록의 잎들이 시야를 가득 채워주는 이유로.

## 등산약속, 의지를 위한 강제

우리는 흔히 자신의 의지만으로는 안 될 것 같은 일에는 일부러라도 강제성을 부여하곤 한다. 수동적인 삶이 아니라 적극적인 삶을 위한 하나의 방편이다. 계획이란 원래가 작심삼일, 운 좋으면 일주일, 길어야 한 달이다. 사람의 의지는 무너지기 쉽고 대개가 그렇다는 것을 인정하면 지나친 자아비판은 하지 않아도 된다. 우리의 정신건강을 위해서.

주말등산을 거르지 않고 규칙적으로 하고 싶다면 지인들을 모아 등산회를 조직하는 것도 좋은 방법이다. 단 둘이라도 좋고 서너 명이라면 더 좋다. 즉흥적으로 가는 것도 좋지만 3~6개월간의 장기 계획을 세워놓고 산행을 시작하면 등산의 만족도와 기대치도 올라간다. 더불어 휴일아침에 침대에서 일어나기 싫어 '에잇, 오늘은 하루 쉬자' 같은 쉬운 포기를 줄일 수 있다. 즐기려면 처음엔 의지가 필요하고 의지가 부족하다면 무언가의 도움을 받는 것이다. 아침형인간이 되기 위해 굳이 필요하지도 않은 새벽 영어클래스를 등록하는 것처럼.

그런데 막상 정기적으로 산에 좀 다녀보겠다고 마음먹고 나니 함께할 또래의 친구를 찾기가 쉽지 않다. 선뜻 관심을 보이며 가보고 싶다고 말하면서도 막상 가자고 손을 내밀면 별별 핑계를 다 댄다.

평범한 30대 여자들 대부분은 산행 경험이 적거나 거의 없어서 스스로의 체력을 과소평가한 나머지 막연한 두려움과 마음에 부담을 갖는다. 또 단지 운동하는 게 싫고 땀 흘리는 것이 싫으며 헉헉대며 힘들게 어딘가를 오르는 것도 싫다고 말하는 친구들도 있다. 산행이란 무조건 땀을 삐질삐질 흘리며 싫으나 좋으나 높은 경사를 올라야 하는 극기쯤으로 생각하는 것이다. 혹은 당일 날 아침, 늦잠의 유혹을 뿌리치지 못해 취소하는 경우도 많다.

그러니 처음엔 일단 어기지 못할 산행약속을 만들자. 그리고 일주일에 한 번, 혹은 이주일에 한 번, 선데이 마운틴에 도전해 보자. 산행은 어느덧 습관이 되고 오히려 안 가면 몸이 뻐근해지는 기이한 경험을 하게 될 것이다. 우리의 타깃은 어쨌거나 낮은 산, 쉬운 길, 오르기 쉽고 즐기기에도 만만한 서울산이다.

주변에 함께 산에 갈만한 친구가 없다면 인터넷 카페를 활용해도 좋다. 또래의 친구들과 어울릴 수 있는 다양한 등산동호회를 경험해 본 후, 취향에 맞는 곳을 선택하면 된다. 등산 인구가 늘면서 연령대와 취향이 다양한 동호회나 카페가 많이 생겼다. 다만 산악회나 등산동호회는 주로 정상 정복을 목적으로 하는 종주형이 많기 때문에 시간에 제약을 두며, 상대적으로 산을 즐길 수 있는 여유는 별로 없을 수도 있다. 자신의 페이스대로 걷지 못하고 일행을 따라가기 위해 서둘러야 할 경우도 있다는 점을 미리 알아두자. 사실 너무 많은 수의 단체가 떼를 지어 산행하는 것보다는 삼삼오오 모여 가는 것이 자신에게도 산에게도 좋으므로 평소 마음 맞는 지인 몇 명과 산행모임을 갖기를 권하고 싶다.

# 산림테라피,
# 등산이 내 몸을 살린다!

# 1. 숲에서 낫는다

"그대 자신의 균형 잡힌 삶을 유지하라. 육체, 감정체, 멘탈체, 영체 모두 어느 한 부분에만 치우침이 없이 조화롭게 모두 굳세고 순수하고 건강해야 하며, 건강하게 단련된 육체는 마음을 또한 강화시킴을 알며, 의식을 풍요롭게 성장시키는 일은 곧 손상된 감정의 상처를 치유하게 됨을 알라."

- 〈인디언 도덕경〉 중에서 -

## 감기 같은 우울증, 비상구를 찾아라!

요즘 같은 세상에서는 누구나 쉽게 우울을 경험한다. 우울이라는 단어는 '밥 먹었냐'는 말처럼 사람들 입에 자주 오르내린다. 우울 정도는 별 일도 아니다. 명확한 이유가 없을 때도 많다. 그게 문제다. 인간의 마음이 언제부터 병들기 시작했는지는 알 수 없지만 요즘처럼 생사를 가를 정도로 깊은 마음의 병이 감기처럼 일반화된 때가 또 있었을까.

우울증은 단순한 감정의 변화가 아니라 어떤 경우 목숨을 위협하는 치명적인 병이 될 수 있다. 근본적으로 나으려는 치열한 의지를 가질 수 없는 병이라는 점에서 어쩌면 암보다도 심각하고 위험하다. 병을 만들고 키우는 것은 후천적 자기이기 이전에 선천적 자기인 유전자고 주변 환경이고 또 우리 사회다. 정상인으로 살기 위해 안간힘을 쓰며 버틴다. 누구라도 우울증이나 조울증에 노출될 수 있다. 평범하게 사는 것이 가장 어렵다는 것을 서른을 넘기고부터 실감한다.

대한민국 국민 18세 이상 성인 10명 중 3명이 평생에 한 번 이상 정신질환을 경험한 적이 있고, 6명 중 1명은 심각하게 자살충동을 느껴본 적이 있다그 한다. 정부가 추산한 자살시도자는 최근 1년간만 해도 10만 8000명에 달한다고 한다<sub>보건복지부 2011년 정신</sub> <sub>질환실태 역학조사 결과</sub>. 이는 웬만한 지방 중소도시의 인구와 맞먹는 수치다.

명실공히 자살공화국이라는 타이틀이 어색하지 않다. 정원이 40명인 버스에 12명의 정신질환경험자가 타고 그 중 6~7명은 자살충동을 느끼고 있다는 뜻이다. 출퇴근 시간의 러시아워 지하철인 지옥철에 빼곡히 들어선 사람들 중에서는 과연 몇 명이나 우울하고 몇 명이나 죽고 싶을까. 바로 옆에서 버스 손잡이, 지하철 손잡이를 힘겹게 붙잡고 흔들리며 서 있는 사람들이 바로 그들일 수 있다고 생각하면 소름 끼친다. 혹은 그들이 바로 나일 수도 있다는 사실이 무섭다.

툭하면 걸리는 감기 같은 우울증과 무시로 번지는 그 전염성, 너 나 할 것 없이 앓고 있다는 수면장애와 무기력, 만성피로까지 우리들에게 비상구는 없는 걸까.

여자 서른 산이 필요해.

# 너도나도 숲으로

"사람들이 없는 숲 속은 즐겁다. 집착을 버린 이들은 세상 사람들이 즐거워하지 않는 곳에서 즐거워한다. 그들은 감각적인 쾌락을 추구하지 않기 때문이다."

- 〈법구경〉 중에서 -

예로부터 선인들은 숲을 사랑했고 현자들은 숲을 즐길 줄 알았다. 숲은 또 하나의 오래된 미래다. 인류가 기원하기 전부터 숲은 존재해왔다. 숲이야말로 망가진 세계를 되살릴 유일한 대안이 아닐까. 자연뿐 아니라 인류의 망가진 마음까지 치유해 줄 해독제다.

숲은 우리가 상상하고 또 밝혀낸 것 이상으로 놀라운 치유력을 가지고 있다. 우울증, 스트레스, 주의력 결핍 등 정신적인 문제뿐 아니라 고혈압, 아토피피부염 등 육체적인 고질병까지 탁월한 효과를 발휘한다. 숲에는 다양한 치유인자가 존재한다고 하는데 숲의 공기, 소리, 색깔, 풍경 등 어느 하나 소중하지 않은 것이 없다. 바람소리, 나뭇잎소리, 계곡물소리 등 숲에서 나는 온갖 소리는 사람의 마음을 편안하게 하는 데 일조한다. 같은 햇볕이라도 나뭇잎으로 한 번 필터링된 간접 햇빛은 비타민D 합성에 기여하고 세로토닌을 잘 분비시켜 활력과 생기를 준다고 한다. 또 초록을 많이 볼수록 사람의 정서적 안정감은 증가한다. 숲에는 신진대사와 뇌 활동을 촉진하는 산소도 풍부하다. 맑고 깨끗한 숲은 몸과 마음에 평안함과 쾌적감을 준다.

자연은 쉽게 불안해지고 마는 연약한 사람의 마음을 단단하게 잡아주고 불확실한 미래에도 살아갈 용기와 희망을 주는 영혼의 끼니 같은 것이다. 끼니를 자꾸 거르면 당장은 아니더라도 시간이 지날수록 체력이 떨어지고 몸이 허약해지는 것처럼 자꾸 자연의 끼니를 거르면 시나브로 정신력도 약해지고 마음도 나약해질 것 같다.

왠지 불안하고 안절부절못할 때 산을 찾으면 왜 마음이 뿌듯함으로 채워지고 별다른 이유 없이도 살아갈 의욕이 샘솟는지 알겠다. 어쩌면 인간이 점차 숲으로부터 멀어지면서 그 마음도 점차 황폐화된 것이 아닐까. 자연을 벗 삼아 사는 삶은 그래서 더 중요하다. 그것은 우리가 선택할 수 있는 문제가 아닐지도 모른다.

그래서일까 요즘 서울 사람들은 너 나 할 것 없이 산을 찾고 숲을 찾는다. 산이나 숲은 이제 세상 사람들이 없는 고요한 곳이 아니라 누구나 즐거워 찾는 여가의 장소가 되었다. 사람들은 이제 산과 숲에서 도시의 불빛과는 또 다른 종류의 쾌락을 찾는다. 어쩌면 진정한 쾌락을. 사람들이 많아도 숲은 여전히 즐겁다.

달로 여행을 떠나고 손가락 하나로 모든 것을 처리할 수 있는 첨단의 시대인 지금에야 나무 한 그루 없는 도시 한복판에서도 별 탈 없이 잘 살아갈 수 있다고 믿는 사람이 많지만, 인간의 본질이란 결국 자연과 동떨어질 수 없음을, 숲을 거닐며 산을 오르내리며 알아간다. 이제, 누구라도 숲 예찬론자가 되자. 숲에서 살 길이 보인다.

## 피톤치드 · 음이온 · 풍부한 산소, 숲의 건강 삼중주

삼림욕에서 중요한 성분이 바로 피톤치드다. 피톤치드의 양은 계절이나 위치, 시간에 따라 달라진다. 햇빛 쨍쨍한 날보다 흐리고 습기가 많은 날 더 많이 배출된다. 또 겨울보다 가을, 가을보다 봄, 봄보다는 여름에, 아침보다 저녁, 저녁보다는 정오에, 활엽수보다는 침엽수에, 침엽수 중에서는 소나무가, 산꼭대기나 밑보다는 산중턱에서 많이 발생한다. 그래서 삼림욕하기 가장 좋은 때는 초여름에서 가을 사이, 오전 10시에서 정오 사이다. 공기와 바람이 잘 통하는 넉넉한 사이즈의 티셔츠에 반바지 정도면 좋은 복장이다.

피톤치드는 면역력과 아토피피부염에 탁월하고 항균효과뿐 아니라 혈압과 혈당을 낮추는 효과도 있다. 게다가 우울증, 고혈압, 골다공증, 비만 등을 유발하는 스트레스 호르몬 수치를 크게 떨어뜨리고 콜레스테롤 합성을 저해하는 효과도 나타난 것으로 보고됐다.

뇌파의 알파파를 증가시켜 마음을 안정시키는 음이온도 숲의 강력한 치유 효과를 입증한다. 스트레스를 받으면 우리 몸에서는 양이온이 발생한다고 한다. 그럴 때 음이온이 풍부한 곳에 가면 피가 맑아져 스트레스가 풀리고 식욕이 증진되며 두통이 해소되고 집중력이 높아진다. 보통 사람이 하루에 필요로 하는 음이온의 양이 있는데 시골에서는 그 적정량을 얻을 수 있고, 도시에서는 필요량의 10~30%밖에는 얻을 수 없다. 반면 숲에서는 평소 필요한 음이온의 2~3배를 얻을 수 있다. 음이온은 물 입자끼리 부딪히거나 공기입자와 부딪혔을 때 활발하게 발생하므로 특히 계곡이나 바닷가 등에 많다.

도시의 공기와 숲의 공기에는 산소농도에도 차이가 난다. 일반적인 도시의 대기

중 산소농도는 약 21%이고 실내나 지하실의 산소농도는 그보다 적은 18~19%, 그리고 숲의 산소농도는 1~2% 더 많은 22~23%다. 또 대나무는 보통의 나무보다 산소 배출량이 4배나 많다고 한다. 그래서 대숲에 있으면 더 상쾌하고 시원하다.

삼림욕은 시력에도 좋다. 흔히 눈 건강을 위해서는 가끔 먼 산을 보라고 이야기하는데 등산 중에는 지속적으로 먼 곳을 응시하기 때문에 수정체의 긴장이 풀려 눈 건강에도 좋다. 또 녹색이 눈을 편안하게 해준다.

산림테라피는 삼림욕을 통해 다양한 정신적·신체적 질병이나 증상을 치료하고 예방해 더 건강한 삶을 누리려는 시도다. 일본이나 유럽 같은 선진국에는 산림테라피스트라는 직업이 있다. 삼림욕 효과를 높일 수 있도록 산과 숲에 머물며 나무와 동식물 등 숲에 있는 모든 자연자원을 활용해 산책이나 운동을 지도하는 일종의 안내자다. 방문자의 건강을 유지·증진시킬 수 있는 적절한 프로그램을 제공해 효과적인 치유효과를 볼 수 있게 한다. 우리나라에서는 지난 몇 년 동안 산림테라피스트 제도를 활성화 시키려고 노력중이며 지금은 숲 해설가 정도만 유지되고 있다.

## 피톤치드

나무와 식물이 자라는 과정에서 해충이나 곰팡이 등 상처 부위에 침입하는 각종 박테리아로부터 저항하고 스스로를 보호하기 위해 내뿜는 방향성 물질이다. 인간의 몸에 무리없이 흡수되며 다양한 균에 저항하는 물질을 함유하고 있어 피부에 닿거나 들이마실 때 몸 속의 나쁜 세균을 없애는 효과가 있다. 숲의 모든 식물이 양은 다르지만 피톤치드를 뿜어낸다.

치유의 숲

## 산음 치유의 숲

국내 최초 치유의 숲이다. 경기도 양평군 산음 자연휴양림 내에 있다. 전나무, 잣나무, 자작나무, 참나무 등 다양한 수목이 어우러져 아늑하고 편안한 느낌을 준다. 숲에서는 산림테라피를 위한 다양한 프로그램이 운영된다. 치유 프로그램은 1일 2회 진행되는 당일형과 1박 2일, 2박 3일 머물며 진행되는 숙박형 등이 있다.
문의 031-774-8133

## 청태산 치유의 숲

강원도 횡성군 청태산 숲체원 내에 있다. 웰빙 휴양지를 지향하며 포레스트힐링센터를 운영한다. 건강 측정실, 명상 및 요가실, 풍욕장, 물 치유실, 열 치유실 등을 갖추고 있다. 테마에 따라 각각 2코스, 3코스, 6코스로 이루어진 세 종류의 숲길을 보유하고 있으며 휴양객에게 인기가 높다. 일반 체험형 프로그램을 비롯해 각종 스트레스 진단과 예방 관리를 위한 활동이 포함된 숙박형 집중 관리 프로그램 등을 진행한다.
문의 033-343-9709

## 장성 치유의 숲

전라남도 장성군 축령산 자연휴양림 내에 있다. 이곳은 산림욕에 탁월한 편백나무숲으로 유명하며 테마별 치유 숲길이 다양하게 조성돼 있다. 150ha에 달하는 국내 최대의 편백나무 숲에서는 신선한 공기와 함께 아늑한 휴양을 즐길 수 있다. 아토피과 스트레스 예방 등 특화된 프로그램을 진행한다. 산림 치유 지도사, 숲 해설가 등 여러 전문가들이 상주하고 있으며 건강 체크, 숲길 걷기, 명상 등으로 이뤄진 일반 체험 프로그램도 구성이 탄탄하다
문의 061-393-1777

# 2. 현명한 산행, 내게 맞는 걷기!

**보폭은 좁게, 속도는 일정하게**

보폭은 자신에게 편안한 보폭이되, 좁게 하는 것이 좋다. 오르막이든 내리막이든 가장 가깝고 경사가 낮은 곳부터 밟아야 관절에도 무리가 적고 에너지 손실도 줄일 수 있다. 또, 일정한 속도를 유지한다. 흔히 다이어트를 하려면 무조건 힘들게 등산해야 한다고 생각하는 경우가 많은데 그렇지 않다. 최대한 무리하지 않는 범위에서 몸의 에너지를 효율적으로 사용해야 다이어트 효과도 있고 건강도 좋아진다.

또 너무 일자로 걷지 말고 적당히 다리를 벌려 걸으면서 균형감을 우지한다. 다리가 앞으로 나간다기보다 무릎이 앞으로 나간다는 기분으로 걷는다. 내려올 때 경사가 너무 급하면 지그재그로 내려오고 경사 급한 계단일 때는 옆으로 걷는 '게 걸음'으로 내려오면 관절손상과 위험을 줄일 수 있다. 또 무릎을 다 펴면서 걷지 말고 살짝 굽혀서 충격을 흡수하며 걷는다.

무엇보다 현명한 걷기는 다름 아닌 내 페이스에 맞게 걷는 것이다. 산은 폐와 심장으로 오르고 다리 근력으로 내려온다는 말이 있다. 즉, 나의 체력과 경험치, 취향에 맞는 걷기를 스스로 선택해야 한다. 따라서 좋은 걷기란 한 가지로 정해져 있는 것이 아니라 개인의 연령, 성별, 체력, 일정에 따라 속도와 보폭, 쉬는 정도 등이 다르다. 무리하지 않기 위해서는 평소 자신의 체력 정도를 잘 알아 두는 것이 필요하다.

## 너무 자주 오래 쉬지 말 것!

등산초입에서는 보통 산행 속도의 1/2 정도로 천천히 걸으면서 몸에 서서히 열을 가해 워밍업을 해주는 것이 좋다. 처음부터 너무 빠른 속도로 오르면 근육운동의 피로물질인 혈중 젖산농도가 빠르게 증가해 쉽게 피로감을 느끼고 빨리 지친다. 급격한 오름은 지방보다는 탄수화물을 먼저 태우기 때문에 운동효과도 적다.

또 평상시 사람의 혈류량은 30~40%가 머리에 집중되어 있는데 운동을 해서 심폐능력이 한계점까지 가면 혈액

은 순환을 위해 머리에서 몸 쪽으로 이동한다. 그런데 산행시 너무 자주, 오래 쉬면 몸으로 내려가려던 혈액이 몸까지 내려가지 못하고 멈추면서 몸의 활동이 다시 산행 전처럼 돌아가려 한다. 그렇게 되면 몸이 산행모드로 바뀌는 데에 다시 에너지를 쏟아야 하기 때문에 몸이 더 힘들다고 느낀다.

그러므로 산행시 힘들 때는 자주 멈춰서 쉬는 것보다는 속도를 약간 늦추는 것이 좋다. 그래야 혈액이 몸 아래까지 순환하는 것을 멈추지 않고 천천히 몸 쪽으로 내려가면서 지속적인 운동효과를 볼 수 있고 에너지도 절약할 수 있다. 수업을 들을 때처럼 50분 산행하고 5~10분 쉬는 것도 좋은 방법이다. 산행이 익숙지 않다면 30분 간격으로 쉬어주고 더 자주 쉬고 싶다면 푹 퍼져 쉬는 것보다는 서서 짧게 쉬어야 다시 오를 때 힘들지 않다.

쉼에도 두 가지 방법이 있다. 배낭을 내려놓고 간식을 먹으며 길게 쉴 때와 배낭을 멘 채로 바위나 나무에 기대거나 스틱에 의지한 채 짧게 쉬어야 하는 타이밍이 있다. 짧게 쉴 때는 걸을 때 가열됐던 근육이 식기 전에 다시 걸어야 효율적이다. 하지만 몸이 많이 지쳤을 때는 배낭을 내려놓고 10분 정도 쉬도록 한다. 비가 오거나 날씨가 쌀쌀한 경우에는 체온보호를 위해 쉴 때 윈드재킷을 입는다. 무엇보다 체력이 완전히 고갈되지 않게 하는 것이 중요하다. 등산시 자신이 갖고 있는 에너지를 전부 쓰지 말고 60~70% 정도만 쓴다는 느낌으로 만일의 사태에 대비해 예비 에너지를 남겨 놓는다. 그러기 위해서는 너무 지친 상태에서 쉬는 것보다는 일정한 간격을 두고 규칙적으로 쉬는 것이 좋다.

땀을 너무 많이 흘리는 것도 좋지 않다. 땀은 뜨거워진 체온을 낮추기 위한 신체작용이므로 적당히 흘리는 것은 좋지만 너무 많이 흘리면 몸이 필요 이상 과열됐다는 뜻이므로 오히려 몸에 해롭다. 에너지를 한꺼번에 소진하는 것은 좋지 않고 체력을 유지하면서 에너지를 조금씩 소비하며 올라야 한다.

## 관절, 미리미리 아끼자

보통 산에서 내려올 때는 무릎 관절에 3~5배의 하중이 증가한다. 관절이 건강한 사람에게 등산은 좋은 운동이지만 평소 관절이 약한 사람에게는 등산이 오히려 해가 될 수도 있다. 그래서 스틱이 필요하다. 무릎 관절이 좋지 않은 사람에게는 필수다. 산길에서는 보통 오르내릴 때 관절 보호용으로 스틱을 사용하는데 내리막에서는 무릎에 가해지는 충격의 30%를 줄여주고 오르막에서는 체력 손실을 막아준다. 내려올 때는 올라갈 때보다 더 천천히 걷고 보폭을 줄여야 한다. 무릎 슬개골의 관절을 잡아주는 무릎보호대도 도움이 된다.

스틱은 빙판이나 눈길에서 균형을 잡아주기도 한다. 단 T자형 스틱은 산행이나 트레킹 시 부적합하고 1자형 스틱 두 개를 사용하는 것이 좋다. 오를 때는 스틱의 길이를 허리 아래로 조절하고 내려올 때는 허리 위로 높인다.

무릎건강을 미리 챙기기 위해서는 칼슘과 비타민D가 풍부한 식품을 섭취하도록 한다. 관절운동에는 둘레길 등 오르내림이 많지 않은 길을 걷는 것이 더 좋은데 2시간 이내에 돌아볼 수 있는 코스가 적당하다. 수영이나 아쿠아로빅, 누워서 다리 들기와 스트레칭 등의 운동도 도움이 된다. 무릎이 아프다고 아예 걷지 않는 것은 장기적으로 무릎에 더 심한 손상을 주게 되므로 적당한 운동을 생활화해야 한다. 종아리와 허벅지 근육을 강화시키면 무릎 관절에 무리를 덜 주게 되니 다리의 근력 운동을 병행하면 좋다.

# 등산길 걷기 매너

## 우측통행, 길이 좁다면 오르는 사람 먼저

산길에서는 내려오는 사람과 올라가는 사람이 서로 닥닥뜨리면 적당히 비켜주고 양보하면서 오르고 내린다. 규칙은 없지만 매너는 있다. 보통은 산에서도 우측통행이 통용된다. 가끔 등산로 계단 등에 우측통행이라는 푯말이 붙어 있기도 하다. 좁은 등산로에서 서로 부딪힘을 줄이고 정체를 막아 효율적으로 이동하기 위함이다. 또 내리는 사람보다는 오르는 사람을 우선으로 한다. 낙석의 위험을 막는 것도 있지만, 내리는 사람이 오르는 사람보다는 양보할 수 있는 마음의 여유가 더 있다고 보는 것이다. 물론 평지에서는 우측통행을 하며 서로 적당히 양보한다.

사람이 많은 주말에 산행을 하다보면 가끔 매너 없는 사람들을 마주하게 된다. 산행에서까지 속도전을 즐기는 사람들로, 요리조리 틈을 찾아 위험스레 추월을 하면서 몸을 부딪치고 지나가기도 한다. 물론 미안하다는 말도 없다.

깜박이 없이 추월하듯 "실례합니다" 혹은 "먼저 가겠습니다"라는 말도 들리지 않는다. 그럴 때면 주저주저하며 가던 내 탓이라고 생각하면서도 불쾌한 마음이 일어나곤 한다. 좁고 자칫 위험할 수도 있는 산길에서마저 실례의 말도 없이 추월을 일삼는 사람이란 어떤 사람인지 고개를 들어 다시 한 번 보게 된다. 어쩌다가 사람을 만난다면 그렇지 않을 텐데 워낙 사람이 많은 주말이다 보니 어쩔 수 없다고 생각하면서도 따끔하게 혼내주고 싶어진다.

반면 마주치며 지나갈 때 "안녕하십니까" 혹은 "수고가 많으십니다"하며 지나가는 매너남녀들도 많다. 그래도 산에서는 도시의 차도나 인도에서보다는 사람들이 순해지기 때문에 매너남녀들이 그렇지 않은 사람들보다 훨씬 많다.

---

# 산행 전 가벼운 준비운동, 스트레칭

## 가벼운 산행에도 필요한 간단한 스트레칭

겨울에는 굳은 몸을 먼저 풀어주고 산행을 시작하는 게 좋다. 누구나 어디서든 쉽게 할 수 있는 국민체조도 좋고 팔과 다리, 허리를 늘려주는 동작을 병행한다. 스트레칭을 할 때는 반동을 주지 않는 것이 중요하다. 자신이 할 수 있는 범위 안에서 남과 비교하지 말고 무리하지 않는다. 호흡은 멈추지 말고 자연스럽게 마시고 뱉되 깊게 들이마시고 깊게 내뱉는 복식호흡을 하면 좋다.

걷기 전·후에 10분 정도 몸을 풀어주면 심장에 혈류량이 서서히 증가해 혈액순환에 좋고 몸을 운동모드로 전환시켜 우연성이 좋아진다. 스트레칭은 체내 산소공급을 원활히 하고 에너지 소비량을 늘려 체지방 분해에도 도움을 준다. 또 신체의 모든 관절과 근육을 충분히 이완시켜야 부상을 예방하고 운동 능력과 균형감각 등을 향상시킬 수 있다. 특히 관절이나 골반이 좋지 않은 사람이나 평소 운동량이 부족한 사람에게 스트레칭은 필수다.

---

# 3. 등산 다이어트

## 등산으로 탄력 있는 몸매 만들기

흔히 등산이 다리를 두껍게 한다는 속설이 있지만 등산으로 인해 굵은 다리가 되는 것이 아니라 보다 탄력 있는 다리가 되는 것이다. 더구나 허벅지는 에너지의 원천이며 장수의 상징이기도 하다. 허벅지가 굵은 사람이 체력이 좋다는 것은 속설이 아닌 허벅지의 과학이다. '꿀벅지'는 보기에도 예쁘지만 건강에도 좋다.

등산은 산을 걷는 행위지만 평지에서 뛰는 것과 비슷한 효과를 낸다고 알려져 있다. 젊은 여자 연예인들이 등산으로 건강관리와 다이어트를 한다는 기사가 보도되면서 등산 다이어트가 유행처럼 번지고 있다.

등산은 체지방 감량에 특히 효과적이다. 지방은 단시간의 고강도 운동보다는 등산이나 빠르게 걷기처럼 장시간의 저중강도의 운동을 지속했을 때 가장 쉽게 연소된다. 등산은 일반적인 운동에 비해 칼로리 소모도 높은 편이다. 3시간 동안 등산을 하면 약 1500kcal의 에너지가 소비된다.

등산 다이어트는 답답한 실내헬스장에서 조깅이나 자전거 등의 운동으로 땀을 빼는 것이 탐탁지 않은 다이어트녀들에게는 희소식이 아닐 수 없다. 숲에는 실내보다 질 좋은 산소가 풍부해 같은 양의 운동을 해도 덜 피로하다는 장점도 있다.

등산을 하면 심장이 건강해지고 심폐기능도 향상된다. 자연스럽게 근육을 장시간 사용하게 되어 근력과 지구력도 강화된다. 이렇게 단련된 근지구력은 만성피로를 푸는 데 도움이 되는 것으로 알려져 있다. 다이어트뿐 아니라 건강에도 다방면으로 이로운 등산을 멀리할 이유가 없다.

# 그래도 놓칠 수 없는
## 스타~~일과 산행음식

# 1. 등산장비 챙기기

## 산행에 필요한 복장 vs
## 산에서 유행하는 복장

딱 잘라 말하면 처음부터 다 갖춰 살 필요는 전혀 없다. 있는 것부터 활용하자. 등산장비는 갖춰서 시작하는 것보다는 이미 갖고 있는 의류나 신발, 배낭 등을 활용하고 산행을 하다가 불편하고 점차 필요한 것들이 생기면 필요에 의해, 필요한 것 순서대로 하나씩 구입하는 게 현명하다. 요즘은 야트막한 서울산에서도 히말라야 급의 고산등반 의류를 풀세트로 착용하고 다니는 어른들을 흔히 볼 수 있지만 약간 우스꽝스러워 보이는 것도 사실이다.

근래 들어 더욱 화려해진 TV광고와 산 입구의 광고 등 아웃도어 광고들에 휘둘릴 필요도 없다. 산에 가려면 뭔가 갖춰 입고 쓰고 신어야 할 것 같지만 사실 서울산을 다닐 때 특별히 고기능성 등산복이 필요하지는 않다. 산에서고 도시에서고 너 나 할 것 없이 유명 브랜드의 고기능 아웃도어 제품을 입는 것이 유행이 됐지만 그건 어디까지나 유행이지 필요는 아니다.

폭우가 쏟아지는 와중에 산에 갈 것도 아니고, 폭설이 내리는 산에서 설동을 파고 잘 것도 아니고, 비 오듯 땀을 쏟아야 하는 암벽을 탈 것도 아닌데 굳이 고기능성 등산복이 필요할까? 물론 갖춰 입어서 나쁠 것은 없지만 꼭 아웃도어 제품을 차곡차곡 차려 입어야 할 필요는 없다는 얘기다.

실제로 서울근교의 가벼운 산행에서는 그 가치를 발휘하지 못하는 고가의 의류나 장비들도 수두룩해서 뭐든 시작했다하면 최고급 장비부터 갖추고 보는 사람들을 봉으로 아는 아웃도어업체들도 많다. 흔히 고어텍스로 대변되는 아웃도어 시장의

가격거품이나 그 급작스러운 성장도 본래의 목적보다는 '보이기'를 중시하는 풍조가 한몫했던 듯 하다.

사실 서울과 근교 등산에서는 등산화를 빼고는 기타 장비와 의류는 있으면 좋고 없어도 괜찮은 것들이다. 아웃도어가 생활화된 유럽이나 미주 등에서는 몇 십 년 전부터 짐을 간소화하고 복장을 간편하게 한 채 가볍게 산행을 즐

기는 '울트라 라이트 하이킹'이 대세다.

하지만 한 가지, 가능하면 등산화는 챙겨 신고 스틱은 휴대하는 것이 좋다. 발목 관절과 무릎관절을 보호하고 다리와 몸에 무리가 가지 않는 안전하고 편안한 산행을 위해서다. 이 책에 소개하는 동네 뒷산 같은 초급산에서는 눈비만 오지 않는다면 운동화로도 충분하지만 중급 이상의 산에서는 등산화 신기를 권한다.

그렇지만 산에 다니다보면 나름대로 필요하고 욕심나는 것이 하나둘 생기게 마련이다. 여기서는 갖추면 좋을 최소한의 장비를 소개한다.

## 장비 구입 및 착용요령

### 가장 중요한 장비 등산화

등산시 가장 중요한 장비는 역시 등산화다. 등산화만 제대로 갖춰 신어도 등산준비의 50%가 끝난다고 해도 과언이 아니다. 처음엔 대개 운동화를 신고 산행을 시작하는데 우면산이나 심학산 등의 야트막한 육산이나 잘 정비된 성곽길을 따라가는 남산, 낙산, 북악산 등의 하이킹, 혹은 둘레길 등에서는 굳이 등산화가 필요하지 않은 경

우도 있다.

　하지만 돌이 많은 도봉산이나 수락산, 유명산, 관악산 등에서는 등산화를 신는 것이 발에 무리를 덜 주고 사고의 위험을 줄인다. 같은 산에 운동화와 등산화를 각각 신고 올라보면 왜 사람들이 등산화를 신고 산에 오르는지 대번에 알 수 있다. 경사에서의 접지력과 발의 피로도, 안정성에 확연한 차이가 나기 때문에 산에서는 등산화가 훨씬 편하다는 것을 몸으로 이해하게 된다. 그 차이를 직접 몸으로 느껴본 후에 등산화를 구입하면 자신에게 좀 더 편하고 적합한 신발을 고를 수 있다.

　날씨가 화창하다면 운동화도 크게 문제 될 것은 없지만 이슬비라도 내리면 숲길이 많이 미끄럽다. 올라갈 때보다는 내려갈 때 관절에 무리를 줄 수 있다. 날씨가 좋더라도 산길에서는 등산화가 편하다. 겨울이나 잔설이 남아있는 이른 봄에는 구간에 따라 아이젠도 필요하다. 겨울엔 음지가 눈으로 덮여 있을 확률이 높고 온도가 낮으면 얼어 있을 수도 있다.

　등산화를 고를 때는 무엇보다 자신의 발에 잘 맞는 사이즈를 찾는 것이 중요한데 하루 중 발이 가장 커지는 저녁에 등산양말을 신고 신어봤을 때 발가락이 잘 움직이는 정도가 좋다. 보통 자기발 사이즈에서 5mm 정도 추가하면 되는데 그 이상 클 경우는 내려올 때 움직임이 심해 발가락에 물집이 잡히기 쉽고 발목도 잘 잡아주지 못하므로 불편하다.

　무엇보다 중요한 것은 직접 신어보고 자신의 발 사이즈에 잘 맞고 편한지 스스로 판단하는 것이다. 사람마다 발 볼이나 두께, 발가락의 길이, 발 형태 등이 다르기 때문에 신발의 수치만으로는 판단하기 어렵다. 또 치수가 같더라도 브랜드에 따라 세부부위의 사이즈가 다르고 치수도 최대 10mm 정도의 차이를 보이기 때문에 꼭 신어보고 결정해야 한다.

흔히 발목이 올라오는 것과 발목이 없는 것, 밑창이 두꺼운 것이거나 비교적 얇고 신축성이 좋은 트레킹화 등 등산화의 종류가 다양해 고민하는 경우가 많은데 어느 것이 좋은지는 결국 본인이 판단해야 한다. 주로 둘레길 걷기 등의 가벼운 등산을 즐 긴다면 발목이 없고 신축성이 좋은 것도 무난하고 가끔 험한 산행을 겸한다면 밑창 이 튼튼하고 발목이 올라오는 것이 유용하다.

이 책에 실은 서울산 등산용으로는 발목이 없고 전체적으로 가볍고 신축성이 좋 은 등산화도 괜찮지만 겨울산 등산을 포함해 눈, 비 등 다양한 계절적 기후변화까지 커버하고 싶다면 발목이 올라오고 방수가 되는 고어텍스 소재에 접지력이 좋고 밑 창이 튼튼한 것을 권한다. 또 발목이 있으면 돌가루가 신발 안으로 들어오는 것을 방 지할 수 있고 발목과 관절을 보호할 수 있다는 장점이 있다. 발목 관절이 약한 사람 이라면 발목이 있는 등산화를 권하고 싶다. 중심을 잘 잡아주고 에너지 손실을 줄여 준다.

## 등산화 다음엔 신축성 좋은 바지

등산을 시작하면 으레 등산화 다음으로 제일 먼저 필요성을 느끼는 것이 등산바 지다. 신축성 좋은 바지는 산행을 더 가볍고 경쾌하게 한다. 처음엔 보통 운동복을 입고 산행을 시작하지만 트레이닝바지는 날씨가 맑은 봄·가을에는 편하더라도 날 씨가 궂거나 여름·겨울에는 한번 젖으면 잘 마르지 않고 땀이 잘 배출되지 않으며 방수방풍이 되지 않는 등 불편한 점이 있다.

청바지는 계절에 상관없이 무조건 피하는 것이 좋다. 땀 흡수, 통풍, 신축성면에서 여러 가지로 산행 복장에 맞지 않다. 활동성면에서도 떨어지고 한번 젖으면 무겁고 뻣뻣해지며 잘 마르지 않아서 움직이기 불편할 뿐 아니라 보온력이 떨어져 산길에 접어든 후 갑자기 소나기라도 만나 비에 젖으면 자칫 저체온증을 유발할 수 있다.

기본적으로는 신축성 있는 바지와 땀 흡수가 잘 되는 상의가 좋다. 상하의는 모두 흡습속건<sup>땀을 흡수해서 빠르게 말리는 기능</sup>이 가장 중요하고 재킷은 방수방풍 기능이 중요하다. 계절에 관계없이 방수탕풍 재킷은 챙긴다. 바람막이와 보온, 으비 역할을 대신해 주므로 여러모로 활용성이 높다. 혹은 계절에 맞는 점퍼와 우비를 따로 챙긴다. 아무리 동네 산이라도 산에서 기습적인 눈비를 만나면 저체온증에 걸려 위험할 수 있기 때문에 기능성 바지와 재킷 정도는 갖추는 것이 좋다. 고어텍스 재킷이 부담스러울 경우에는 방풍재킷<sup>바람막이</sup>만으로도 간

단한 방수와 방풍을 겸할 수 있다. 봄, 가을 날씨가 좋을 때는 소풍 가듯 캐주얼한 복장도 괜찮지만 여름이나 겨울에는 악천후를 대비한 기능성 옷이 유용하다.

여유가 된다면 기능성 속옷을 마련하는 것도 좋다. 면 소재는 땀을 쉽게 흡수하지만 신속하게 배출되지 않고 잘 마르지 않는다는 단점이 있는데 기능성 속옷은 이런 단점을 보완해 준다.

겨울산행복장에서 가장 중요한 점은 보온성이다. 그 외 신축성, 땀 흡수와 발수, 방수 및 통풍, 방풍, 속건성 등이 좋은 옷을 권한다.

### 등산배낭 고르기

가벼운 산행에 나선 젊은 등산객 중에는 흔히 평소에 책을 넣거나 노트북 가방으로 쓰던 백팩을 메고 오는 경우가 많지만 끈 조절이 잘 안 되고 몸에 잘 밀착되지 않는 백팩은 허리 아래로 주욱 늘어져 불편한 경우가 많다. 가벼운 산행일 경우에도 이런 가방은 어깨나 허리에 부담을 줄 수 있다. 이런 경우 어깨 끈 조절이 되는 20~30리터의 가벼운 등산배낭이 좋다. 겨울을 제외한 계절에는 두꺼운 방한복을 넣을 필요가 없어 20리터 배낭으로도 괜찮지만 겨울이라면 적당한 방한복 등을 넣을 수 있는 30리터 정도의 몸에 맞는 가벼운 등산용 배낭을 추천한다.

흔히 배낭은 몸 사이즈에 관계없이 구입하는 경우가 많지만 배낭도 등산화처럼 몸에 맞는 것을 골라야 한다. 메 보았을 때 자신의 등 사이즈에 잘 맞고 몸에 밀착되는 것이 좋고 어깨끈이 도톰한 것이 산행시간이 길어질수록 몸에 부담이 적다. 또 허리끈은 배낭의 무게를 골반으로 분산시켜 어깨 피로도를 줄인다. 흔히 등산 관련 서적에서는 등산용 배낭은 꼭 허리끈과 가슴끈이 있는 것을 선택하라고 하지만 여자들은 가벼운 산행에서 허리끈과 가슴끈을 잘 사용하지 않는 경우가 많아 두꺼운 허리끈은 배낭을 치렁치렁하지 만들어 오히려 부담스러울 수도 있으니 취향에 맞게 고르도록 하자. 만약 허리끈이 있는 것을 고른다면 허리끈도 어깨끈처럼 넓고 두꺼운 것이 좋다.

사계절용 5~6시간, 혹은 1박 2일 정도의 산행까지 커버할 수 있는 배낭을 원한다면 30~40리터의 어깨끈이 도톰하면서도, 스틱을 옆에 끼울 수 있고 자잘한 소품들을 넣을 수 있는 주머니가 많은 배낭이 좋다.

### 그 외 필요한 등산용품

등산용 양말, 모자, 멀티스카프, 보호용 장갑, 스틱, 아이젠, 배낭커버, 등산용 방석, 구급약, 고열량 비상식, 지도, 헤드랜턴, 예비배터리, 선글라스, 다용도 칼 등

# 가벼운 것은 아래, 무거운 것은 위로

짐의 무게는 계절에 따라 달라지겠지만 최대한 가벼운 것이 좋다. 계속 배낭을 메고 걸어야 하므로 짐의 무게가 컨디션을 좌우할 수 있다. 꼭 필요한 최소한의 것만을 싸고, 필요한 물품이라도 가능한 무게가 덜 나가게 꾸린다.

배낭을 가볍게 싸려면 물건 넣는 순서가 중요하다. 가볍고 부피가 큰 물건을 먼저 넣고 무거운 것을 나중에 넣어 위쪽으로 가게 한다. 그 다음 좌우 균형을 맞춘다. 이는 지렛대의 원리를 이용한 것으로 무거운 짐이 가까이 있을수록 힘이 덜 든다. 실제로 똑같은 짐인데도 무거운 물건부터 넣으면 배낭이 더 무거워지고, 몸이 뒤로 처진다. 배낭 맨 아래에는 여벌의 옷을 넣고 위쪽에는 도시락과 무게가 나가는 소지품을 넣으면 된다. 보온용 재킷이나 물병, 우비, 썬크림 등은 넣고 빼기 쉬운 곳에 수납한다.

---

**TIP** 당일 산행 시 꼭 필요한 5대 소지품

물, 행동식, 스카프, 모자, 방수방풍재킷

**TIP** 산행 시 화장실 이용법

산길이나 숲길에는 화장실이 따로 없다. 보통 본격적인 등산로에 진입하기 전이나 끝나는 지점에 화장실이 마련되어 있으니 미리미리 이용해야 한다. 등산로 중간중간 재례식 이동화장실이 있는 곳도 있고 없는 곳도 많다. 만약 화장실이 없는 숲길에서 급해지면 길에서 살짝 벗어나 '자연화장실'을 이용할 수밖에 없는데 주말의 서울 근교산에는 보통 어느 길이나 사람이 많아 여의치 않을 수도 있으니 화장실이 보일 때마다 가두는 것이 좋다. 여름 산행시 소변이 마려울 것을 걱정해 물을 충분히 마시지 않는 경우가 있는데 잘못하면 탈수가 일어날 수 있으니 주의해야 한다. 여름에는 마신 물 이상으로 땀이 배출되기 때문에 크게 걱정하지 않아도 된다.

# 2. 입맛, 살맛 돋우는 등산 도시락

## 도시락, 살까? 쌀까?

　같은 음식이라도 야외에서 먹는 음식은 몇 배로 더 맛있다. 더구나 산위나 숲속에서 먹는 도시락의 맛은 꽤 특별하다. 상쾌한 공기는 입맛을 돌게 하는 에피타이저가 되고 시원한 전망은 근사한 후식이 된다. 자연이 반찬이다.

　일반 도시락에 비해 산행 도시락어는 몇 가지 특징이 있다. 간편하게 먹을 수 있을 것, 만들거나 사기 쉬울 것, 쉽게 상하지 않을 것, 서서도 간단히 먹을 수 있을 것 등이다. 여름에는 잘 상하지 않는 도시락이어야 하고 겨울에는 날씨가 추우니 체온이 떨어지기 전에 금방 먹을 수 있는 간편성이 중요하다. 또 도시락 준비 때문에 산행이 부담스러워지거나 이른 아침부터 도시락 준비를

해야 한다면 곤란하다.

도시락 하면 생각나는 제일 흔한 음식은 언제나 변치 않을 피크닉 메뉴인 김밥이다. 흔한 만큼 물리기도 쉬운 것이 김밥이라 주기적으로 산행을 하다보면 색다른 도시락을 찾게 된다. 김밥은 등산길 노점이나 분식집에서 살 수도 있지만 집에 있는 흔한 재료로 직접 만들면 잘 상하지도 않고 새로운 맛도 즐길 수 있다. 또는 김 대신 다시마로 다시마말이를 해도 좋고 다양한 쌈채소에 밥과 쌈장만 곁들인 쌈밥도 간편하다. 산행 도시락은 여럿이 나누어 먹을 수 있는 핑거푸드가 좋다.

산에서 먹는 도시락의 맛에 한번 빠지면 도시락을 먹기 위해 산에 오르기도 한다. 산에서는 심플한 재료로 만든 단순한 음식도 충분히 만족스러운 풍미를 느끼게 해준다. 산과 숲, 계곡이 선사하는 마술이다.

## 볶음김밥 & 유부밥

볶음김밥의 메인 재료인 볶음밥은 어떤 것이든 상관없다. 김치볶음밥이나 감자볶음밥, 간장계란볶음밥, 야채볶음밥 등 어느 것이라도 좋다. 취향에 맞는 볶음밥을 만들어 김에 대충 돌돌 말면 끝이다. 한번 열에 가열했기 때문에 여름에도 잘 쉬지 않는다. 만드는 방법도 간단하다. 재료가 이미 밥에 섞여 있으니 일반김밥보다 얇게 말아 썰지 말고 그대로 호일에 싼

후 산에서 바로 입으로 베어 먹으면 맛있다. 남은 볶음밥을 유부주머니에 넣으면 유부밥이 된다. 요즘은 밥 양념까지 들어있는 유부초밥재료가 많기 때문에 밥만 있으

면 1분 만에도 만들 수 있다.

### 냉장고 꼬마김밥

냉장고에 남아있는 잔반이나 밑반찬 등을 이용해 간단한 꼬마 김밥을 만들 수 있다. 김을 절반으로 자르고 흔한 밑반찬인 진미채나 오징어젓갈, 멸치볶음, 김치, 고추볶음 등을 넣어 꼬마김밥을 만든다. 냉장고에 있는 어떤 반찬으로도 만들 수 있다. 속재료는 한데 섞지 말고 한 가지씩만 넣어야 심플한 맛을 다양하게 즐길 수 있다.

### 다시마말이

김 대신 다시마를 이용해 다시마말이를 만들어도 좋다. 다시마를 펴서 초장을 바르고 그 위에 밥을 얹어 김밥 말듯 말면 별다른 반찬 없이도 간이 적당하고 은근히 바다향이 풍기는 그 맛도 색다르다.

### 간단쌈밥

그야말로 간단하면서도 자연의 신선함을 담뿍 느낄 수 있는 도시락이다. 초록의 숲 안에서 초록향 가득 나는 쌈밥을 먹노라면 도시락을 먹고 있는 건지 숲

을 통째로 먹고 있는 건지 헷갈릴 정도다. 호박잎과 머위잎, 양배추 등은 살짝 찌거나 데치고 깻잎이나 상추 등 다른 쌈채소들은 생으로 그냥 펼쳐서 그 위에 밥과 쌈장을 넣고 싸기만 하면 간단쌈밥이 된다. 여기에 풋고추나 오이를 곁들이면 금상첨화다. 언제든 쉽고 빠르게 만들 수 있으면서도 산행에 가장 잘 어울리는 도시락이다.

혹은 라이스페이퍼를 미지근한 물에 살짝 담갔다가 각종 채소와 땅콩버터를 곁들여 말아 베트남식쌈밥을 만들어도 이색적이다.

이 외에도 등산 도시락의 재료와 만드는 방법은 무궁무진하다. 취향에 따라 다양한 샌드위치를 만들어도 좋다. 간단하게 달걀을 으깨어 마요네즈와 비벼 넣은 달걀샌드위치나 파스타의 토마토소스와 양상치를 활용한 토마토샌드위치도 좋은 아이디어다. 혹은 또띠야에 김치볶음밥과 야채 등을 넣어 한국식 타코를 만들어 볼 수도 있다. 간식으로는 참치캔에 크래커만 있어도 산중에서 간단한 카나페를 즉석에서 만들어 먹을 수 있다. 요즘은 시중에 다양한 즉석식품과 캔제품이 많기 때문에 다양한 조합으로 이색적인 간식을 손쉽게 만들 수 있다. 어느 정도 인원이 되는 단체라면 독특한 아이디어와 정성으로 수제 등산용 도시락을 전문적으로 만들어 배달해주는 인터넷 카페도 활용할 수 있다.

## 행동식, 물 챙기기

산행을 할 때는 도시락 외에도 간간이 열량을 보충해 줄 적당한 간식이 필요하다.

사실 탄수화물이나 생과일보다는 초코바나 사탕, 꿀, 말린 과일, 진한커피 등이 열량 보충용으로는 더 좋다. 고구마나 떡, 빵, 귤 등의 탄수화물식은 열량으로 환원되는데 2~3시간이나 걸려 단시간 힘을 내는 데는 별 도움을 주지 못한다. 그에 비해 초코바나 말린 과일 등은 바로 몸에 열량으로 보충되기 때문에 비상식으로 좋다. 이런 간식을 일명 '행동식'이라 하는데 바로 운동에너지로 대체할 수 있는 열량이다.

간혹 살찔 것을 염려해 열량이 높은 초콜릿이나 사탕에 거부감을 갖고 있는 사람도 있지만 산행이나 트레킹시에 먹은 행동식은 바로 길에서 소비하는 에너지로 쓰이므로 걱정할 필요가 없다. 한 번에 몰아서 많이 먹는 것보다는 조금씩 자주 먹는 것이 좋다.

물은 사람에 따라 마시는 양이 차이가 나긴 하지만 보통 가을겨울에는 0.5~1리터, 봄여름이라면 평균 1.5리터의 물이 필요하다. 1시간 경사진 길을 오를 때 배출되는 땀의 양은 성인 평균 보통 500~1000ml이고 당일 등산시는 총량은 3000ml 정도 된다고 하니 배출된 땀만큼 물을 마시는 것이 좋다.

물을 많이 마시면 심장박동이 낮아지고 덜 지치게 되어 몸에 이롭다. 물은 갈증이 나기 전에 미리 마셔두는 것이 좋고 한꺼번에 많은 양을 마시기보다는 조금씩 천천히 나누어 마신다. 또 벌컥벌컥 들이키기보다는 입안에 잠시 담아 두었다가 조금식 삼키는 것이 좋다. 여름에는 얼음물을, 겨울에는 뜨거운 물이나 차를 준비하면 유용하다.

중간중간 간이매점에서 물을 사거나 막걸리 등으로 목을 축일 수도 있지만 간이매점이 없는 산도 많고 계절이나 요일에 따라 매점이 수시로 들고나니 물은 충분히 준비하는 것이 안전하다.

**과일과 채소는 수분 보충에 최고**

산에서는 흔히 방울토마토와 오이를 간식으로 많이 먹는데 이는 평상시의 몇 배로 땀을 흘리게 되는 등산에서 이러한 채소들이 수분 보충에 탁월하기 때문이다. 도시락과 함께 간단한 과일을 곁들이면 산중 런치타임은 한결 풍성해진다. 따로 통에 담아올 필요 없이 계절과일을 통째로 가지고 와도 좋고 여름이라면 수박이나 참외를 썰어가면 수분 보충과 열을 내리는 데 좋다. 혹은 과일을 직접 갈아 만든 과일주스나 미숫 가루를 걷는 중에 틈틈이 마시면 수분과 열량을 동시에 보충할 수 있다. 비타민이 풍부한 레몬에 물을 넣고 통째로 갈아 만든 레몬물은 디톡스에도 좋고 산행 중 지친 몸에도 활력을 준다.

# Part 2 지하철로 떠나는 '서울'산으로의 여행

안산·백련산
심학산
우면산
개화산

# 제1장

## 둘레길보다 걷기 좋은 산속 산책길

모든 것에는 연습이 필요하다. 전에 하지 않던 일에 새로 습관을 들이는 데도, 몸에 베인 오랜 습관을 끊어 버리는 데도. 서울에는 그저 산언저리를 도는 둘레길처럼 편안하게 걸을 수 있는 산길이 많다. 전에 없던 취미를 갖는 데도 연습은 필요하다. 시나브로 연습이 끝나고 나면 비로소 즐길 수 있게 된다.

야트막한 산길을 걷고 또 걸으며 스스로에게 되뇐다. '길이 멀어져 갈 때 과거도 멀어져 가고 새로운 길이 나타날 때 나도 모르는 미지의 세계가 열릴지니….'

세월이 변하듯 모든 것은 변한다. 그러나 계절이 다시 오듯 사람도, 사랑도 다시 올 것을 믿는다.

이국적인 매력의 메타쉐콰이어 숲길로

# 안산 296m · 백련산 215m

전날의 폭우가 아직 미련을 못 버린 듯 아침부터 긴가민가하게 안개비가 내린다. 폭우가 아닌 안개비라서 산행은 예정대로다. 안개처럼 흩뿌려지는 안개비는 맞는다는 표현보다는 쐰다는 표현이 더 어울린다. 우산을 펼칠 생각조차 못하게 하는 고운 비가 피부에 스민다. 물기를 머금은 공기도 촉촉이 젖어있다. 기분마저 덩달아 고즈넉이 젖어든다.

이런 날 산길을 걷는 것은 행운이다. 초록은 더 짙어지고 한층 밝아져서 신선한 기운을 내뿜는다. 피톤치드가 많이 발생하는 시간이다. 삼림욕을 하기엔 맑은 날보다 흐린 날이 최적이다.

이럴 때 초록은 단순한 색의 개념을 넘어선다. 굳어졌던 몸의 세포 하나하나를 깨우고 습관처럼 긴장한 마음을 한결 부드럽게 한다. 무기력했던 기운을 떨쳐내고 삶에 의욕이 샘솟게 한다. 초록은 어쩌면 만병통치약이다. 숲, 그리고 초록의 효능은 그 어떤 약 이상이다. 어떻게 표현해도 사람의 언어로는 영 부족하다 싶은 것이 숲의 초록이다.

## 삼림욕에 한가한 일요일 오후

안산은 옛 서울의 한복판에 자리 잡고 있으면서 낙산처럼 동네를 끼고 있다. 산의 모양이 말의 안장 같이 생겨 안산이라는 이름이 붙었다지만 내 보기엔 사람들 삶 안으로 깊숙이 들어와 있는 산이어서 안산이다. 작은 산에 약수터만도 10개가 넘는다. 안산은 무악산이라고도 불리는데 홍제동뿐 아니라 서대문구의 연희동과 봉원동 등 여러 동에 걸쳐 있어 인근 주민들의 접근이 편리하다.

안산 건너편으로 인왕산이 가까이 앉아 있

다. 독립문역에서 서쪽으로 오면 안산, 동쪽으로 가면 인왕산이다. 안산에서는 인왕산이 훤하게 보이고 그 뒤로 거대한 장벽처럼 도심을 둘러친 북한산의 모습도 호쾌하다. 가까이 보이는 인왕산의 위엄도, 멀리 보이는 북한산 자락의 넘치는 힘도 고스란히 느껴진다.

조망이 좋은 안산 정상에는 봉수대가 있다. 1994년에 서울 정도 600년을 맞아 복원해 놓은 것이라 한다. 봉수대에서 보는 사방의 전망은 낮은 산답지 않게 시원하다. 구 서대문형무소 뒤로 남산이 보이고 날씨가 좋을 때는 남쪽으로 여의도까지 내다보인다.

안산을 찾은 사람들은 대부분 이 동네 사는 주민일 테다. 안산 인근으로 아파트촌이 즐비하다. 외지인에게는 안산이라는 이름조차 생소하지만 인근 주민들에게 안산은 한 주에도 몇 번씩 오르는 동네 뒷산이다.

봉수대에서 홍제천 방향으로 내려오다 보면 메타쉐콰이어 숲을 만난다. 이곳이 안산의 핵심이고 절정이다. 독립문 쪽에서 오를 때와는 영 딴판으로 숲은 깊고 울창하다. 층층나무와 자작나무가 메타쉐콰이어와 동무하며 숲을 이룬다. 숲으로 진입하는 나무 계단부터는 '이상한 나라의 엘리스'처럼 완전히 다른 세상으로 들어간다. 마치 밖에서 안으로 들어가는 듯 숲의 경계가 선명하다.

기세등등하게 줄기를 뻗은 메타쉐콰이어 기둥들은 손을 맞잡을 듯 줄기를 뻗어 하늘마저 가린다. 메타쉐콰이어 삼림욕장이다. 동행한 사람들 모두 감탄해마지 않는다. 왜 이런 곳을 진작 몰랐느냐며 아쉬워한다. 너도나도 이 동네 주민이 되고 싶단다.

군데군데 놓여있는 벤치에 앉는다. 한번 앉았다하면 엉덩이가 벤치에 붙었나 싶을 정도로 일어날 생각이 들지 않는다. 한가롭디 한가로운 숲의 한가운데에서 영 벗어나고 싶지가 않다. 돗자리 한 장만 있으면 어디 부럽지 않게 하루 종일이라도 노닐 만한 숲이다.

숲을 지나 아래로 내려오면 안산공원에 닿는다. 봄이면 벚꽃터널을 이루는 이곳은 아이들이 놀기에도, 데이트 코스나 걷기 코스로도 그만이다. 깔끔하게 단장된 공원은 매일 오고 싶을 정도로 아늑하고 아기자기하다.

## 백련산을 이어서

소나무와 아까시 나무가 많은 백련산은 안산의 동생 격이다. 안산과 직접 연결되지는 않지만 홍제천을 사이에 두고 홍은동 쪽으로 안산과 높이를 같이하는 야트막한 산이다. 안산을 찾은 김에 둘러볼 만하다. 안산 산책만으로는 뭔가 부족하다 싶을 때도 좋은 선택이다.

안산에서 백련산으로 넘어가려면 안산에서 내려와 홍제천을 건넌다. 백련사 쪽으로 가면 다시 산길로 진입할 수 있다. 서대문문화회관과 홍연초등학교를 지나 백련사 가는 도로를 오르다보면 산길 진입로를 어렵지 않게 만난다. 허나 동네 사람이 아니고는 굳이 백련산을 찾아오는 외지인은 드물 테다. 백련산은 그야말로 어느 동네에나 있는 동네 뒷산 같은 산이다.

그러고보면 동네 뒷산이 즐비한 서울도 꽤 살 만한 도시다. 닭장 같은 아파트에 살더라도 언제든 마음만 먹으면 숲으로 걸어 들어갈 수 있다. 늘 마음먹기가 문제이긴 하지만 언제나 받아주는 산이 있고 숲이 있어서 안심이다.

| | |
|---|---|
| **가는 법** | 지하철 3호선 독립문역 4번 출구 |
| | 서대문독립공원을 따라가다가 이진아 기념도서관 뒤로 안산으로 오르는 길이 있다. |
| **루트** | 서대문독립공원-백암약수터-봉수대-메타쉐콰이어숲-안천약수터-안산공원-홍제천-백련산 |
| **소요시간** | 2~3시간 |
| **연계산행** | 인왕산, 북악산 |
| **기타루트** | 봉원사-안산천약수터-무악정-봉수대-안천약수터-봉화약수터-연흥약수터 |

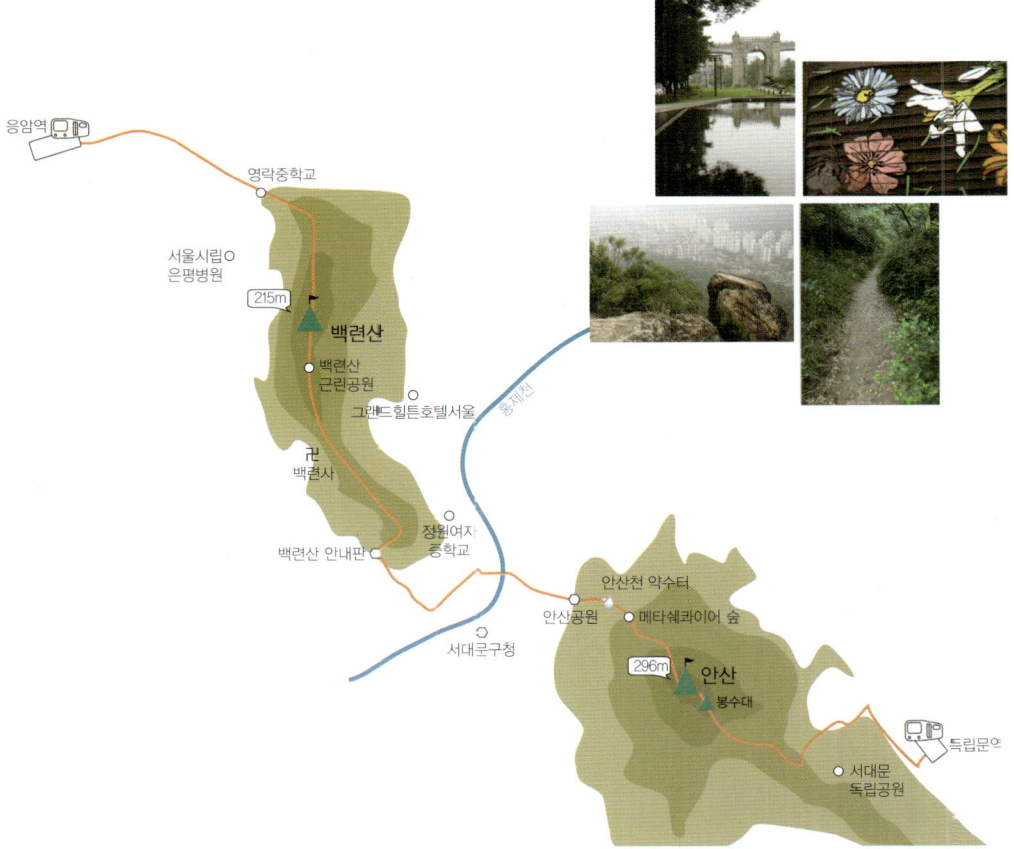

걷고 읽고 사고 일석삼조의 코스

# 심학산 194m

    심학산은 아는 사람만 아는 산이지만 모르는 사람에게도 알리고 싶은 산이다. 파주 출판단지에서 걸어서 5~10분이면 닿는 거리로 출판단지를 오가는 사람이라면 눈여겨 봤을 만하다. 출판단지를 아우르고 있으니 책 천국인 출판단지에서 커피 한잔 친구삼아 책도 보고 숲 산책도 할 수 있는 일석이조의 코스다. 옆으로는 거대한 규모의 아울렛도 들어서 있어 쇼핑을 좋아하는 여자라면 일석삼조라 할 만하다. 아침엔 숲에서 놀고 오후엔 북카페에서 독서의 여유를 누리고 저녁엔 쇼핑을 즐기는 알찬 스케줄이 버스 한 번 타지 않고 한 자리에서 가능하다.

## 오솔길, 삼림욕, 힐링, 정상은 덤

194m의 심학산은 정상에 오르는 데는 30~40 분이면 충분하다. 정상까지는 내내 오르막인데 짧은 거리지만 굵고 짧다. 짧은 코스라고 한번에 오르려고 욕심부리기보다는 중간중간 쉬어가야 진을 빼지 않고 체력을 유지할 수 있다.

정상으로 가는 루트는 진입로에 따라 다섯 개 코스로 나뉘는데 대부분 심학산 둘레길 일부 구간을 거치게 되며 0.8~2.9km로 그리 길지 않은 코스다. 출판단지 쪽에서 출발하면 배밭을 지나 약 600~700m 정도를 오르는 것만으로 정상전망대에 도착한다.

하지만 정상오름이 심학산을 찾은 이유는 아니다. 정상오름에만 목적을 두면 허무할 수 있는 산이다. 숲이 아름답고 오솔길이 고즈넉한 심학산 둘레길을 걷는 것이 심학산을 찾은 첫째 이유이고 정상오름은 오히려 덤이다.

물론 정상에서 보는 시원한 전망도 일품이다. 파주 평야지대와 파주를 휘돌아 감은 한강의 물줄기는 심학산만의 시원한 전망을 선물한다. 정상에서 부는 바람은 더 예술이다. 사람을 날려버

릴 만한 강풍이 여름에도 가슴을 뻥 뚫리게 한다. 누가 말리지만 않는다면, 바람이 내 무거운 몸을 들어 올릴 수만 있다면, 그 바람에 실려 어디로라도 날아가고 싶은 기분이다.

인근 주민들만 알법한 심학산 둘레길은 숨어있는 보석 같은 길이다. 서울과 떨어져 있어 공기도 좋은데다 잡목이 우거진 숲이 무성하다. 키 큰 나무들이 나란히 들어선 아담한 오솔길을 사람에 치이지 않고 고즈넉이 거니는 것만으로도 휴일의 삼림욕 힐링이 완성된다. 둘레길은 약 7km의 환형으로 한 바퀴 도는 데 2-3시간 정도 걸린다. 걷는 속도나 쉬는 정도에 따라 걷는 시간이 무한대로 늘어날 수 있다는 것이 둘레길 걷기의 특징이다. 하루 종일이라도 그 길에 머물 수 있다. 둥글게 계속 이어지는 길이니

그 길에는 끝도 없다.

누군가의 뒤꽁무니를 따르거나 앞서가지 않아도 된다는 여유로운 마음으로 걷는다. 나는 평지에서도 남들보다 걸음이 느리다. 경사가 있는 산을 오를 때면 더 그렇다. 더구나 자주 발길을 멈추고 밑가를 들여다보느라 걸음은 더 느려진다. 그런 내가 작정하고 천천히 걷는다. 더 천천히 걸을 수 없을 만큼 느릿느릿 걷는다. 산에서도 뭇 사람들은 느림보 산행객을 추월하지만 그런대로 추월하도록 내버려 둔다.

산에서는 느림보인 것이, 추월당하는 것이 하나도 속상하지 않다. 속도에 휘둘리던 심신에 한 템포 느린 리듬 하나를 더한다. 느림보들은 적어도 산에서는, 숲에서는 느리다는 이유로 비난받지 않는다. 천천히, 맘껏 느림보가 되는 것이 용인된다. 제때 찾지 못하

고, 가지 못해 박자를 놓쳐버려 불안해진 마음에 한 숨, 두 숨, 한 박자, 두 박자, 여유를 불어넣는다. 아직은 늦지 않았다고, 다만 천천히 가는 것뿐이라고 숲이 대신 얘기해주는 것만 같다.

### 5월, 초록의 성장기

천천히 걷다보면 저마다 다른 나뭇결이 보인다. 다 비슷해 보였던 나뭇잎은 그 모양도 크기도 가지각색, 처음 보는 나뭇잎도 많고 나무에 맺힌 작은 열매도 보인다. 산에 다니면서부터는 평소 궁금하지 않던 나무의 이름이 궁금해지고 언제 꽃이 피는지, 열매가 맺히는지 알고 싶어진다.

5월은 연두의 숲이 짙은 초록으로 변하기 시작하는 숲의 성숙기, 더불어 초록의 성장기다. 수줍던 연두가 완숙한 초록이 되는 과정을 지켜보는 것은 무엇보다 흐뭇한 일이다. 5월에서 6월, 7-8월로 넘어가며 초록은 더 커지고 짙어지고 단단해진다. 잠깐 사이에 많은 변화가 일어난다. 잠깐만 무심해도 듬성했던 숲은 울창하게 그 모습을 바꾸고 무시로 숲을 오가는 사람들만이 잔잔한 숲의 변화들을 기분 좋게 알아챈다.

숲에 자주 드나들다보면 궁금한 것도 많아진다. 자주 보는 사람의 안부가 더 궁금하고 자주 볼수록 서로에게 할 말이 더 많은 것처럼. 하지만 식물도감을 뒤적여봐도 숲은 여전히 미궁 속에 있다. 비슷비슷한 모양의 나뭇결과 그 이름들을 분간해 내기란 쉽지 않다. 책 몇 페이지를 뒤적이는 것으론 역부족이다.

그렇다고 해도 숲은 요구하는 바가 없다. 이름을 알아달라고, 개성을 인정해달라고 함부로 조르지 않는다. 나무이름, 풀이름, 꽃이름 하나 알아주지 않아도 숲은 불평하는 법이 없다. 어쩌면 그들을 처음 발견한 사람들이 제 취향에 따라 정해놓은 이름 따위야 외울 필요도 없고 중요한 것도 아니다. 숲에서만이라도, 산에서만이라도 앎의 강박관념에서 벗어나도 좋다. 이름을 몰라줘도 숲이 주는 청량함은 그대로다. 아는 사람도 모르는 사람도 숲을 누릴 수 있다. 오직 아껴주는 마음이면 족하다.

5월은 숲을 찾기에도, 책을 읽기에도 환상적인 계절이다. 파주출판단지에서는 매년 5월과 9월에 북페스티벌이 열린다. 출판단지 특유의 분위기를 내는 북카페도 여럿 있다. 출판사에 따라서는 책을 사면 무료 음료를 즐기며 책을 읽을 수 있는 곳도 있고 굳이 책을 사지 않더라도 차 한 잔 마시며 다양한 책을 볼 수 있는 북카페도 곳곳에 있다.

심학산· 출판단지· 아울렛, 산· 책· 쇼핑, 세 마리 토끼를 다 잡을 수 있는 파주로의 나들이가 전에 없이 빈번해질 것 같다.

| | |
|---|---|
| 가는 법 | 지하철 2호선 합정역 2번 출구<br>파주행 광역버스 2200번(30분 소요), 200번(일산 경유, 1시간 소요)을 타고 파주출판<br>단지에서 내린다.<br>지하철 2호선 당산역-)9000번 버스<br>지하철 3호선 원당역-)20번 버스 |
| 루트 | 파주출판단지-배밭-정자-정상전망대-체육시설-약천사-배수지 |
| 소요시간 | 2~3시간 |
| 연계산행 | 심학산 둘레길 |
| 기타루트 | 1코스 배수지-체육시설-정상전망대 (2.9km)<br>2코스 산마루가든-체육시설-정상전망대 (1.8km)<br>3코스 약천사-체육시설-정상전망대 (0.8km)<br>4코스 서패리-수투바위-정상전망대 (0.8km)<br>5코스 서패리(배밭 입구)-정자-정상전망대 (0.8km) |

__심학산둘레길(배수지-약천사-배밭정자-산남리-전원마을-배수지 (6.8km))
__등산루트

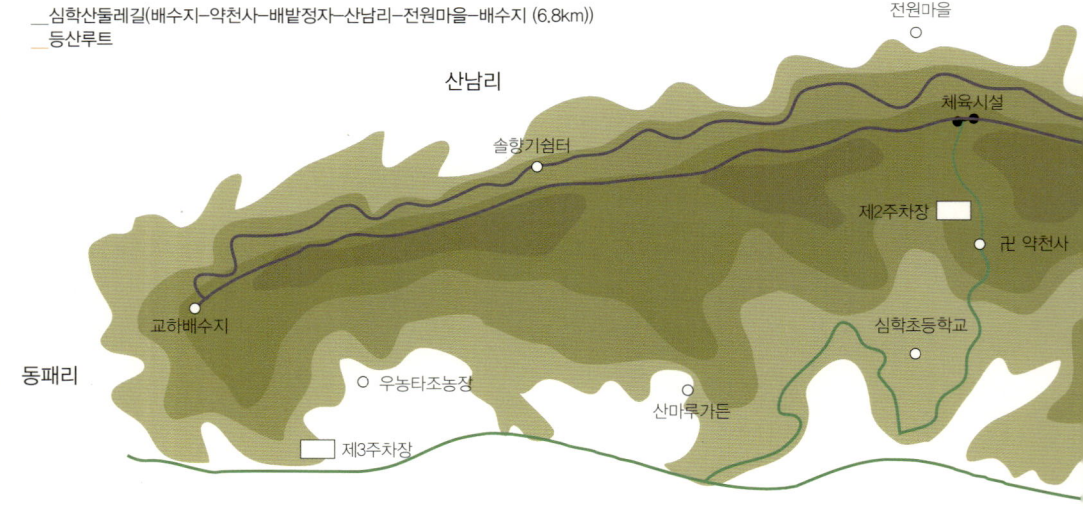

## 파주출판단지 북 페스티벌

**'파주 북소리 2012'**
책 읽는 사람, 쓰는 사람, 만드는 사람, 사랑하는 사람이 함께 만드는 지식의 향연으로 축제 기간 동안 다양한 공연 및 전시와 강연 등이 열린다. 오픈 북마켓을 통해 출판도시 내 모든 출판사가 책을 전시하고 판매하며 국내서적은 물론 해외서적과 고서적 등도 만날 수 있다. 또 1000여 명의 저자가 다양한 프로그램에 참여한다. 평소 좋아하던 저자와의 만남도 기대할 수 있다.
**날짜:** 2012. 9.15∼9.23
**장소:** 파주출판도시
www.pajubooksori.org 031-955-1743

## 파주 프리미엄 아울렛

파주출판단지와 인접한 롯데 프리미엄 아울렛에는 쇼핑몰과 문화공간, 마트 등이 한 곳에 모여 있고 중저가 브랜드부터 명품까지 다양한 브랜드를 갖추고 있어 전천후 쇼핑이 가능하다. 거대한 쇼핑몰의 규모만큼이나 쇼핑의 메카로 부상하고 있다. 인근의 헤이리 근처에는 신세계첼시 프리미엄 아울렛도 있으니 여유가 있다면 비교쇼핑도 가능하다. 다양한 브랜드는 롯데, 특정 브랜드는 신세계 쇼핑이 우리하다.
롯데 paju.lotteoutlets.com
신세계첼시 www.premiumoutlets.co.kr

## 파주출판단지 내 북카페 찾기!

파주출판단지의 출판사들 중에는 자사의 도서판매와 함께 북카페를 운영하는 곳들이 종종 있다. 시내의 여느 북카페와는 조금 다른 고요한 분위기 속에서 차 한 잔 마시며 다양한 종류의 책 읽는 즐거움을 누릴 수 있다.
심학산방(세계사 1층) 031-955-8078
효형책방(효형출판 2층) 031-955-7620
헌책방 보물섬(아시아출판문화정보센터 2층) 031-955-0077
아름다운사람들 키즈카페(아름다운사람들 1층)
031-955-1082

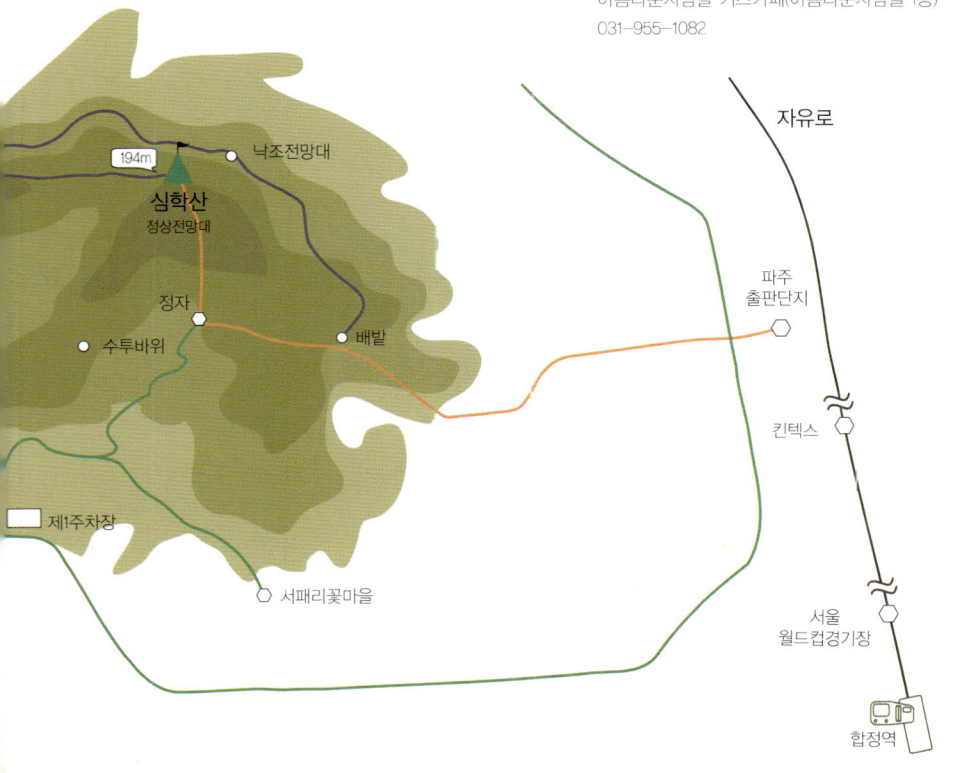

# 우면산 293m

소가 누워서 낮잠을 자고 있다는 뜻의 우면산. 소 뒷걸음으로도 쉽게 오를 수 있을 만큼 야트막하다. 등산이라기보다는 산책에 가까운 산행이다. 전혀 등산을 해보지 않은 사람이나 아이들도 어렵지 않게 우면산에 오른다. 오른다는 말조차 무색할 정도의 오름이다. 우면산도시자연공원이라는 그 이름처럼 어쩌면 공원에 가깝다.

산행객들의 차림도 가볍다. 우면산은 평일에도 아침저녁으로 인근 주민들의 산책로로 이용되기 때문에 어떤 차림으로도 어색하지 않다. 산길을 걷는 사람들은 대부분 가벼운 운동복 차림에 운동화를 신고 있다. 오히려 갖춰 입은 등산복이 과해 보일 수도 있다. 가능하면 산에는 무조건 등산화를 신고 가는 것이 안전하지만 눈비만 오지 않는다면 우면산에서는 운동화만으로도 거뜬하겠다. 그만큼 오르내리기에 부담이 없다. 요즘은 평상복 같은 세련된 등산복도 자주 보인다.

## 오르기 위해서가 아니라 먼발치에서 바라보기 위하여

우면산은 동네 뒷산 같은 산이다. 인근의 아파트 뒷길과 전원마을 옆길도 열려있다. 초반부에 가파른 나무계단을 살짝 오르고 나면 더 오를 것도 없이 편안한 능선길이 이어진다. 길은 사람들이 오가면서도 옷깃이 스치지 않을 정도로 넓다. 무시로 발길이 닿은 흙길은 반들반들하다.

언제든 쉬어가라고 곳곳엔 벤치도 흔하다. 아까시쉼터, 팥배쉼터, 태극쉼터 등 야외 운동기구가 설치된 쉼터도 많다. 야트막한 서울산들에서 흔히 볼 수 있는 풍경이다.

편안한 산책로를 걷다보면 어느새 소망탑에 이르고 어김없이 서울의 조망명소가 나타난다. 공원 같은 산이라고 얕잡아 봤지만 생각보다 더 시원한 경관이다. 넓은 데크에 서면 강남의 높은 빌딩들과 아파트가 한눈에 펼쳐진다.

이 도시에 살고 있다는 감회가 새롭게 다가온다. 도심위로 몽연히 떠오른 매연안개를 내려다보며 내 머릿속에도 저렇게 뿌연 먼지와 오염물들이 무수히 끼어 있겠구나 자각하게 된다. 하루하루 직면하던 세계를 벗어나 그 살던 세상을 아래로 내려다보고 있자면 나를 압도하던 고민들도 저 장난감 같은 빌딩들처럼 일순간 작아지는 느낌이다. 산에 오르는 이유 역시 높이 올라서기 위해서만이 아니라 세상을 좀 더 멀리 보는 연습을 하는 것임을 알겠다.

펼쳐진 전망 옆으로 우뚝 선 소망탑. 그 소망탑 주위를 빙글빙글 도는 사람들을 본

다. 첨단의 세상, 그 한복판에 있는 서울, 그 서울의 한가운데에 있는 강남에서도 사람들은 돌을 높이 쌓고 그 주위를 빙빙 돌며 석기시대처럼 소원을 빈다.

곁에서 지켜보니 모두들 세 바퀴씩을 돈다. 주로는 아주머니와 할아버지들이다. 두 손을 모으고 속닥속닥 주문까지 왼다. 무엇을 비는 것일까. 자식들의 안녕과 성공, 가족의 건강과 평화, 잘 먹고 잘 살기, 뭐 그런 것들이겠지. 세상은 한참을 변한 거 같아도 사람들의 소원이란 천년, 만년 전과도 전혀 다름없는 고만고만한 것들일지 모르겠다.

우면산은 삼삼오오 모여 야간산행을 즐기기도 하는 낭만의 산이다. 서울의 불빛들을 물감삼아 메트로폴리탄의 화려함이 번진다. 안전을 이유로 야간산행이 권장되는 것은 아니지만 퇴근 후의 산행이란 독특한 취미도 한국의 산, 그것도 불빛이 많은 서울산에서나 가능한 일이겠지 싶다.

낮에는 산악자전거를 타는 사람들도 심심치 않게 만난다. 그 사람들은 우리가 흔히 상상하는 철인들이 아니다. 작은 체구, 마른 몸의 여인도, 칠순이 넘은 할아버지도 열정에 찬 페달을 굴린다. 열정이라는 흔한 단어가 추상성을 벗는다. 넘어질 것부터 걱정하고 보는 사람 눈에는 고작 "넘어지면 얼마나 아플까"에 생각이 미치지만 정작 산악자전거MTB를 타는 사람들의 얼굴에는 걱정 아닌

희열이 번지고 있다.

우면산에는 아직 작년 여름의 산사태 흔적이 여기저기 남아 있다. 도로와 아파트를 순식간에 휩쓸었던 수마는 가고 없지만 그 상처는 산 중턱 곳곳에 깊고 잔인한 흉터를 만들어 놓았다. 산의 입장에서는 테러수준이다. 당할 이유가 없는 무고한 테러. 뚫리고 깎이고 파이고, 전부터 억울한 건 산인데 사람들이 더 억울하다고 아우성이다.

시들어 가는 꽃을 살리는 것보다 더 어려운 것은 시든 꽃을 바라보는 일, 쓰러져 가는 나무를 살리는 것보다 더 어려운 일은 죽어버린 나무를 물끄러미 바라보는 일이다.

우면산은 등산이라고 하기엔 다소 얕잡아 보게 되는 산이지만 그렇다고 산의 정취를 느낄 수 없는 것은 아니다. 오솔길을 걸어 들어가다 보면 결코 도심 한복판이라고는 믿어지지 않을 만큼 호젓한 숲길을 만난다. 전망대를 지나 남태령 쪽으로 가는 길은 서초동 쪽의 길보다 더 한적하다. 군부대를 지나면 관악산이 한눈에 바라다보이는 넓은 데크를 만나는데 찾는 이가 드물어 책이라도 읽으며 오래 시간을 보내기에 좋다.

이렇게 가까운 작은 산에만 올라도 기분전환은 확실하다.

| | |
|---|---|
| 가는 법 | 지하철 3호선 남부터미널역 5번 출구 |
| | 5번 출구로 나와 직진하다가 남구순환로를 건너면 서울시인재개발원 뒤 |
| | 로 올라가는 길이 보인다. 혹은 예술의 전당 앞에 있는 예술의 다리를 |
| | 건너면 우면산 산책로가 연결되어 있다. |
| 루트 | 서울시인재개발원 뒷길-아카시쉼터-태극쉼터-소망탑-범바위 방향- |
| | 군부대-나무데크-남태령길-남태령 |
| 소요시간 | 2~3시간 |
| 연계산행 | 청계산, 관악산 |
| 기타루트 | ① 2호선 사당역 3번 출구-우성아파트 뒷길-약수터-우면산 정상-양 |
| | 재나들목 |
| | ② 4호선 선바위역 2번 출구-남태령 망루-우면산 정상-관문사-신분 |
| | 당선 양재시민의숲역 |

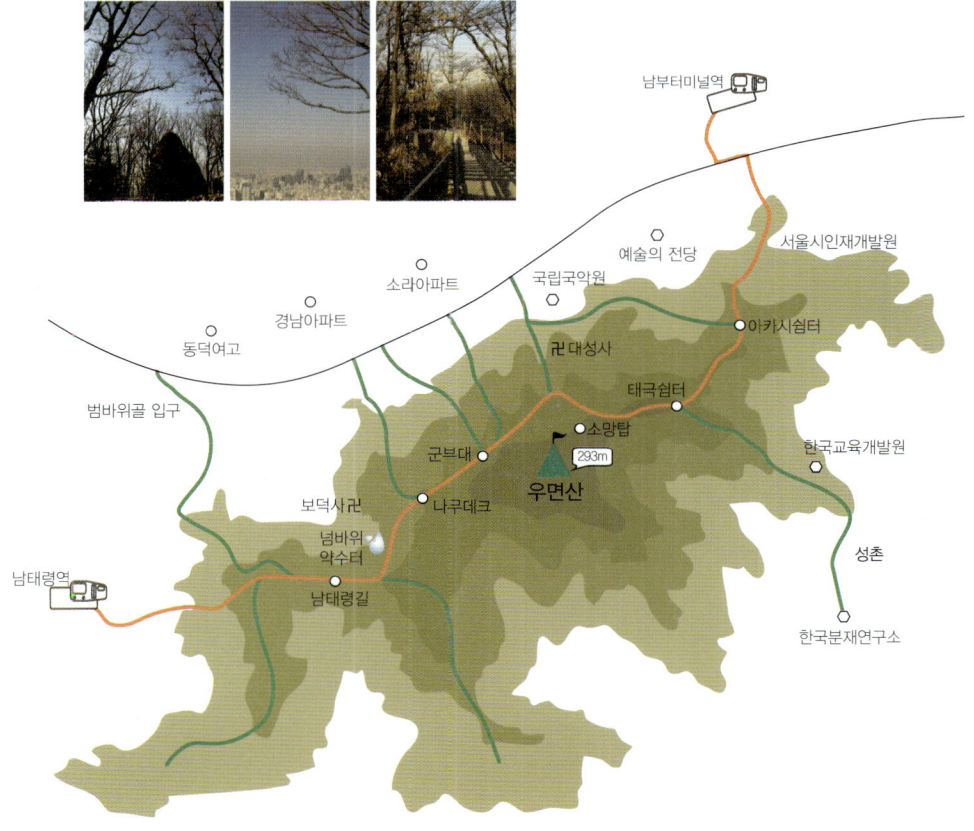

오르내림을 벗어난 산행

# 개화산 <sup>132m</sup>

친구와 개화산을 찾았다가 동행한 친구에게 핀잔을 들었다. 이것도 산이라고 산에 가자고 했냐는 거다. 등산복을 갖춰 입고 나온 친구에겐 다소 황당할 만큼 개화산은 산책로 말끔히 닦인 공원 같은 산이다. 왕복 2시간이면 한 바퀴 휘이 돌아 내려올 수 있다.

## 아낌없이 주는 나무를 의지해

쉬엄쉬엄 흙길을 걷는다. 아직 겨울의 한가운데에 있는 산은 앙상한 나뭇가지들로 덮여있다. 초록은 기대할 수 없지만 아스팔트를 벗어난 발은 자분자분 흙 밟는 기분을 만끽한다. 오래 묵혀두었던 등산화가 산길을 만나 비로소 제 할 일을 찾은 듯 가볍게 발을 내딛는다.

나무는 하늘로 드리운 가지도 앙상하지만 땅으로 뻗어있는 뿌리도 헐벗은 채 제 몸을 다 드러내놓고 있다. 그 뿌리를 계단삼아 오르는 길이 어쩐지 나무에게 미안스럽다 아무리 아 낌없이 주는 나무라지만 그 깊은 속내까지 훤 히 드러내고 있는 모습은 겨울이라 더 애처로 워 보인다. 대수롭지도 않은 추위에 한 겹이라 도 더 제 몸을 감싸려는 나를, 제 뿌리까지 다 벗어가며 받치고 섰다. 주름지고 휘어진 발가 락으로 땅을 꽉 움켜쥐고는 아무렇지 않다는 듯 꼿꼿이 서있다.

바늘처럼 가는 잎을 떨군 소나두 잎들은 갈 색으로 변색해 푹신한 양탄자를 깔고, 썩다 남 은 낙엽들도 그 위에서 뒹굴뒹굴 하릴없는 노 년을 보낸다. 겨울이라도 소나무들만은 지지 않는 푸르름을 간직중이다. 여름처럼 찬란히 푸르지는 않더라도 앙상한 가지들 사이로 얼 핏얼핏 보이는 진한 초록빛이 삭막한 풍경에

위안을 준다.

　개화산은 몸은 도시에 살지만 마음만은 자연에 안기고픈 시민들의 쉼터 노릇을 톡톡히 하고 있다. 체육시설이 갖춰진 방화근린공원과 마주하고 있고 산책길을 둘러놓은 강서둘레길과도 이어져 있다.

　곳곳에 자연을 배경삼아 놓인 운동기구들은 실내 헬스장보다 한결 시원하고, 들이마시는 공기 또한 돈 주고는 살 수 없는 상쾌함을 내어준다. 마음만 먹으면 도시에서도 얼마든지 이렇게 한가로운 자연을 즐길 수 있지만 사실 그를 가로막는 장애물이란 늘 사람의 게으름이다.

하늘길

## 떠나고 싶을 때마다

초입에서 오르막 같지 않은 오르막을 살짝 오르고 나면 오르는 길도 많지 않고 거의 평지라고 할 만한 숲길이 이어진다. 그러다보면 하늘길 전망대가 나오는데 전망대에선 김포공항 국제선청사가 한눈에 내려다보인다. 비행기가 뜨고 내리는 모습을 바로 앞에서 보고 있자니 어디든 떠나고 싶은 충동이 인다.

너무 바쁘게만 열심히 살다보면 곧잘 느껴지는 어지럼증. 급하게 산에 오른 것처럼 가슴속 어떤 것 때문에 숨을 헐떡인다. 치열하게 살아야만 그나마 살아낼 수 있다고 끊임없이 채찍질해대는 도시, 그 무언의 압박에서 벗어나고 싶어진다. 그럴 때 여행은 공공연한 도피처가 된다. 나는 드디어 여행자로서 호기심에 찬 눈만 반짝거리면 된다.

어슬렁거리는 것이 유일한 '일'이 된다. 당분간은 벌지 않아도 먹을 수 있고 피곤하지 않아도 잘 수 있다. 볼 일 없는 사람과 한담을 나눌 수 있고 전혀 중요하지 않은 일에도 얼마든지 몰두할 수 있게 되는 것이다.

도피에의 유혹을 뒤로 하고 현실에 발붙이며 내가 택한 곳은 바로 여기, 줄기차게 능선을 뻗으며 땅에 꽉 몸 붙이고 앉아있는 이 산들이다. 둥둥 떠오르려는 내 마음을 산이 지그시 붙잡는다. '세상이야 어떻게 돌아가든 이렇게 몇 만 년 우직하게 땅에 몸 붙이고 있는 나를 보라'면서.

하늘길 전망대에서 신선바위를 지나 소나무가 늘어선 나무데크길을 걷다보면 아라 뱃길 전망대를 만난다. 조금 더 가면 나타나는 개화산 전망대에서는 멀리 행주산성부터 남산, 북한산까지 바라다보인다. 빨간 허리띠를 두른 방화대교가 한강을 가로지른

채 서 있고 하늘공원의 모습도 보인다. 따로 정상이랄 것도 없는 개화산 전망대에는 넓은 터가 있어 이곳 역시 산악자전거MTB 동호회 회원들의 연습터가 되고 있었다. 연습을 위해 쌓아둔 둔덕을 두 바퀴로 오르내리며 아슬아슬 스릴을 즐긴다. 본격적인 산악자전거를 타기에 앞서 연습에 열중인 사람들이 한겨울 추위를 녹인다.

개화산의 중심에는 어느 길로 가도 만나게 되는 절, 약사사가 있다. 겸재가

그림의 소재로 즐겨 찾았다던 절이다. 실제로 겸재는 '개화사'라는 그림을 남겼는데 뒷 자가 이 곳 약수로 목욕을 하면 오랜 병도 낫는다고 전해져 약사사로 이름이 바뀌었다. 서울시 유형문화재로 지정된 3층석탑과 석불도 있다.

절은 대체로 고요하고 겨울이라 그런지 찾아오는 이 또한 드물다. 흔히 주변과는 상관없이 극도로 조용한 분위기를 빗대어 절간 같다고 하는데, 주말에 어디 유명한 사찰에라도 가면 절간이 아니라 장터라는 표현이 더 잘 어울리는 것이 요즘의 절이다. 그에 비해 이렇게 무명 산의 무명 절은 언제와도 제대로 절간의 분위기를 만끽할 수 있어 좋다.

개화산은 개화동과 방화동뿐 아니라 인접지역인 공항동과 가양동, 등촌동, 목동, 신정동 등에 거주하는 주민이라면 큰 오르내림 없이 가볍게 산책하기에 좋은 산행코스다.

| 가는 법 | 지하철 5호선 개화산역 2번 출구 |
|---|---|
| | 개화산역 2번 출구로 나와 횡단보도를 건넌 후 개화초등학교 방향으로 가다보면 등산로로 진입하는 작은 오솔길이 나온다. 등산로가 아닌 샛길처럼 보이지만 조금만 올라서면 바로 갈래 길이 나오고 그때부터는 강서둘레길 표지판을 따라가면 된다. |
| 루트 | 개화산역–개화초등학교–하늘길 전망대–신선바위–아라뱃길 전망대–봉화정–개화산 전망대–약사사–방화역 |
| 소요시간 | 2~3시간 |
| 연계산행 | 치현산 |
| 기타루트 | 5호선 방화역–약사사–개화산 전망대–강서둘레길 |

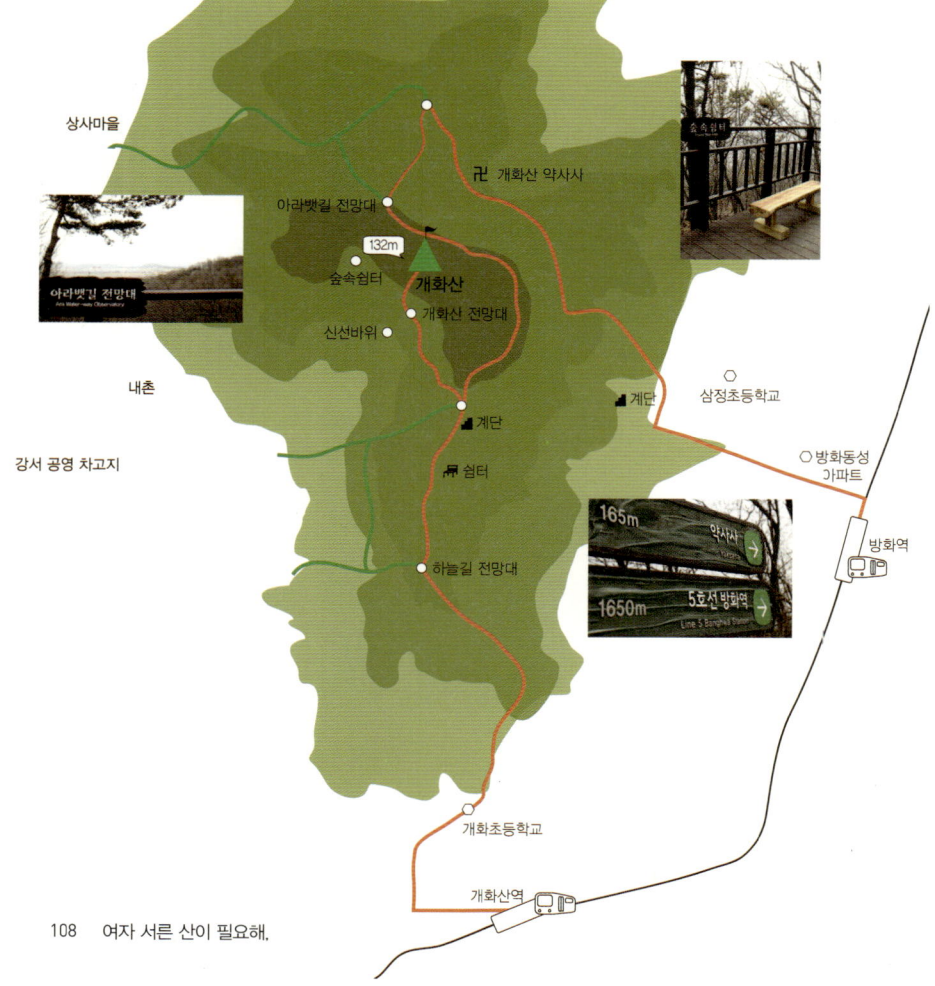

상사마을

개화산 약사사

아라뱃길 전망대

132m

숲속쉼터

개화산

신선바위

개화산 전망대

삼정초등학교

계단

내촌

계단

강서 공영 차고지

쉼터

방화동성 아파트

방화역

165m 약사사

1650m 5호선 방화역

하늘길 전망대

개화초등학교

개화산역

# 강서둘레길

## 산을 만나고 숲을 지나 강을 따라서

강서구의 산은 높이가 낮고 한강을 접하고 있어 둘레길 조성 사업이 활발히 진행 중이다. 강서둘레길은 개화산, 치현산, 방화근린공원, 서남환경공원, 강서한강공원을 잇는 11.19km의 탐방로로 약사사, 개화산전망대, 메타쉐콰이어 숲길, 습지생태공원 등을 들러보며 걸을 수 있는 세 가지 코스로 구성되어 있다. 제1코스는 거화산 등산로와 대부분 겹친다. 2012년 8월에 2코스가 완성되어 현재는 1, 2코스가 개방되어 있으며 특히 2코스의 메타쉐콰이어 숲길이 운치를 뽐낸다. 3코스는 현재 개발 중이며 2013년 5월에 완공될 예정이다. 강서둘레길은 2011년 '서울시 걷고 싶은 길'로 선정되기도 했다.

___제1코스 3.95km
___제2코스 3.63km
___제3코스 4.31km

- 아라뱃길
  (김포터미널)
- 토끼굴
- 제3코스
- 은행나무보호소
- 봉화정
- 관찰데크
- 안내센터
- 조류전망대
- 한강공원주차장
- 아라뱃길 전망대
- 개화산 전망대
- 숲속쉼터
- 제1코스
- 신선바위
- 벚꽃길
- 전망대
- 방화근린공원
- 심정쉘터
- 호국충혼비
- 풍산심씨묘역
- 卍 미타사
- 하늘길 전망대
- 화장실
- 제2코스
- 관찰데크
- 어린이 놀이터
- 분수대

제 2 장

# 휴식 같은 산, 가볍게 오른다

여러 나라의 도시 여행을 하다보면 많은 도시들이 상당히 평평하다는 것을 발견하게 된다. 눈을 들기만 하면 어디서든 흔하게 산이 보이는 서울이탄 얼마나 근사한 도시인지 새삼 느끼게 되는 것이다. 우리나라 보통의 동네 산들은 엄마젖가슴 같이 둥글넓적 푸근하다. 할아버지든 아줌마든 어린 아이든 '걷기'만 할 수 있다면 누구나 오를 수 있다. 우리의 산들이 얼마나 인간친화적인 것인지에 대해 고마워하지 않을 수 없다. 바라보는 산이 아니라 다가서는 산, 감탄하는 산이 아니라 기대보는 산이다.

사람이 산에 오르는 것은 높은 곳에 선다는 의미만은 아니다. 사람을 만나듯 산을 만난다. 처음엔 헐떡이며 오름을 감당하기도 힘이 부치지만, 한 차례 두 차례 산행이 계속될수록 짐짓 노련한 모습이 되어간다. 자연을 즐기는 법이란 결국 아무것 없이도 나 스스로를 즐기는 법임을 깨달아 간다. 몰랐던 산을 배우며 몰랐던 나를 배운다.

# 대모산<sup>292m</sup> · 구룡산<sup>284m</sup>

싫어도, 봄옷으로 갈아입어야 할 시간이 왔다. 계절은 이미 초봄을 한참이나 지나고 있건만 올해는 4월 초까지도 아직 겨울외투를 벗지 못하고 있던 참이다. 그러나 이제 길고 지루하던 초봄의 꽃샘추위도 영영 사라지고 기어이 봄이, 또 봄옷이 날개를 달아야 할 때다.

아직 봄맞이 준비를 제대로 하지 못한 한겨울의 미련한 몸과 마음도 어쩔 수 없이 봄의 한복판으로 불려 나온다. 내심 봄을 기다려 왔으면서도 하루아침에 변심해버린 날씨가 당혹스러운 어느 날, 봄의 화사한 자태가 은근히 부담스러운 오후다. 봄맞이를 하는 나는 아직 겨울외투를 두 손에 꼭 움켜쥔 채 주춤거린다. 새로운 날을 꿈꾸면서도 아직 보내지 못한 연인을 마음 한 켠에 담아두듯이.

### 늘 내 곁에 꽃피는 당신, 꽃이 진다고 그대를 잊은 적 없다

4월 하고도 중순인데 나무는 아직 제 몸을 감싸줄 이파리들을 내놓지 못하고 있다. 가지마다 앙증맞게 붙어있는 새순이 다가올 봄을 예고하고 있다는 것을 알지만 황량한 나뭇가지는 계절을 역행하는 듯 보인다. 진달래와 개나리만이 그래도 봄은 왔노라고 대자연의 순리를 온 몸으로 보여주고 있다.

올해는 심한 추위도 없었지만 미적지근한 추위가 쉽게 물러가지도 않고 오래 지속됐다. 그 덕에 3월말에 피는 개나리와 4월초에 며칠 차이를 두고 피는 진달래와 벚꽃, 목련이 일제히 피는 희귀한 현상을 낳았다. 봄꽃의 모둠이다.

그러나 꽃들은 한 번에 핀만큼 또한 번에 떨어져 버릴 것이다. 봄의 찬란함을 꽃으로 맛보는 사람에게, 또 꽃들의 만개가 봄의 유일한 낙인 누군가에게는 아쉬운 일이 아닐 수 없다. 하지만 자연은 그런대로 생겨나고 사라질 뿐 인간의 뜻을 따라주지 않는다.

봄 산행은 봄비가 내리기 전에 서둘러 다녀야 한다. 봄꽃잔치는 그야말로 한철의 유희다. 난데없이 봄비가 내리기라도 하면 꽃들은 자취도 없이 사라져버릴 것이다. 꽃나무 밑에 시든 꽃들의 시체가 흩날리면 봄은 이제 거의 끝났다는 뜻이다.

초봄의 화려한 꽃들을 보면서 30대의 여자는 어떤 꽃일까 생각한다. 이미 봄꽃은 아닌 걸까. 피지 못하고 져버린 꽃들은 또 얼마나 많은가. 꽃이 지면 봄도 잊힐 테다. 시무룩해진 내게 엄마는 말한다. 올봄의 꽃은 져도 그 꽃나무가 죽기 전까지는, 봄이면 봄마다 또 필거라고.

## 강남을 발 아래 둔 부담 없는 5km

수서역 6번 출구로 나오면 바로 대모산 들머리가 시작된다. 대모산과 구룡산은 서울의 강동과 강남지역 주민들이 뒷산을 오가듯 심심풀이로 오르내리는 산이다. 들머리에서 살짝만 계단을 오르고 나면 평탄한 능선이 1km여나 이어진다. 내내 폭신한 흙길이다.

수서역에서 대모산 정상까지도 3km 정도로 부담 없는 거리다. 게다가 거리와 위치를 끊임없이 알려주는 안내판 덕분에 내 선 자리가 어디쯤인지 알기도 쉽다. 아무리 동네 뒷산 같아도 엄연한 산행인지라 소소한 경사길이 잇따른다. 대모산은 300m로 높지 않은 산이지만 그래도 오르락내리락하는 산길이 숨을 몰아쉬게 만든다. 산책하는 기분과 함께 등산하는 기분 역시 충분히 느낄 수 있다. 낮은 산치고는 운동량이 꽤 많은 편이다.

대모산과 구룡산은 능선이 자연스럽게 연결되어 있어 두 산을 연계해 걸으면 하루

산행코스로 딱이다. 이름만 다르게 붙였을 뿐 하나의 산군이다. 대모산과 구룡산의 산행길을 모두 합쳐 본대야 5km 정도다. 수서역에서 대모산 정상까지가 3km, 대모산 정상에서 구룡산 정상까지가 다시 2km다.

에너지가 넘쳐 산행구간이 짧다 느껴지는 날은 구룡산에서 우면산이나 청계산으로 넘어가기도 한다. 이정표가 워낙 잘 되어 있기 때문에 길을 헤맬 염려는 없다. 낮은 산에서는 어른을 따라온 아이들의 모습도 흔히 보인다. 떼쓰지 않고 아장아장 오르내리는 그 발들이 어찌나 기특한지. 힘들다며 긴 숨을 몰아쉬다가도 그 조막만한 발들을 보며 다시 기운을 얻는다.

한참을 가는데 대모산 중턱에서 한 아저씨가 진달래를 권한다. 차도 아니고 술도 아닌 진달래꽃잎을 스스럼없이 권한다. 스스로도 따 드시고 함께 온 아내와 딸에게도 먹어보라 하더니 지나는 행인에게까지 건네는 것이다. 진달래가지에 매달려 진달래 잎을 뜯어먹는 배나온 아저씨의 모습은 흡사 동면에서 깨어난 곰 같아 보인다. 봄을 맞은 희희낙락한 곰이 겨우내 주렸던 배를 채우는 모습이다. 주렸던 배가 아니라 주렸던 태양빛과 봄의 생동을 채운다.

아저씨의 권유에 못이기는 척, 진달래를 닮은 아가씨들이 진달래 꽃잎 하나를 입안에 넣는다. 슬쩍 맛본 진달래 잎은 달다고 생각해야 겨우 단 맛이 날 것 같은 엷은 맛이다. 세상의 강한 맛들에 익숙해진 혀는 진달래의 미미한 단맛을 알아채기에 너무 닳고 닳았다. 그래도 봄의 한가운데를 맛보는 혀는 그 맛에 상

관없이 황홀하다. 설탕같이, 꿀같이 질편하게 달지 않아도 흐드러지게 달달한 그 봄의 질감. 진달래는 눈으로 혀로 봄을 느끼게 한다.

진달래가 한풀 꺾이고 나오게 될 철쭉은 반대로 봄의 독약이다. 철쭉잎을 잘못 먹었다간 비명횡사할 수도 있다. 철쭉은 굶주린 동물들도 먹지 않는다. 용케 득버섯과 독초를 피하는 본능에 따라 동물들도 철쭉은 눈으로만 감상한다. 그래서 흔히 고라니와 염소가 풀이란 풀은 다 뜯어먹고 마는 봄의 산등성이에서도 철쭉만은 늘 고고하게 생채기하나 입지 않고 온전히 살아남는다. 철쭉이 자라는 꽃자리는 그대로 남아 철쭉동산을 만든다.

이런저런 노님과 오름 끝에 정상이 나타난다. 서울산 어디에나 있는 우수조망명소도 만난다. 전망보다 먼저 눈에 들어오는 것은 아이스케키를 하나씩 든 손들이다. 정상의 아이스케키는 날이 더워질수록 점점 더 참을 수 없는 유혹이 된다. 정상의 바람과 전망이 아이스케키 한입과 더해져 순식간에 땀을 식힌다. 정상에서 파는 아이스케키에는 그걸 이고지고 온 사람의 땀과 희망이 묻어있다. 산 아래서보다 2-3배 비싼 가격을 붙이고 있지만 그 값을 한다.

아이스케키를 한 입 물고서야 전망을 확인한다. 서울, 그것도 강남의 하늘빛은 청명한 날이 드물다. 뿌연 하늘을 머리에 인 성냥갑 도시의 전망은 시원하기보다 심란할 때가 더 많지만 그래도 그 아래 속해있을 때보단 산 위가 한결 낫다.

대모산, 구룡산 두 산 모두 정상에 닿아도 관악산이나 수락산같이 뿌듯한 풍경은 펼쳐지지 않지만 저 아래 강남시내를 발 아래 두고 볼 수 있다는 쾌감은 있다. 대치동의 우람한 타워팰리스와 개포동 한 켠에서 세월을 잊은 듯 들어선 구룡마을의 모습이 대조적이다.

저 아래에서 보면 하늘을 찌를 듯 위용을 과시하던 타워팰리스도 이 위에서 보면 한낱 멋없는 빌딩일 뿐이고 구차하게 보이던 구룡마을의 모습도 먼발치에서 보니 한가롭게만 여겨진다. 저 아래에선 도로 하나를 사이에 두고 전혀 딴 세상같은 세월을 살고 있을 두 그룹의 사람들도 이 산 위에선 모두가 자연을 만끽하는 등산객일 뿐이다.

구룡산에서 학술진흥원 방향으로 내려오면 버스가 다니는 큰 길가에서 산행은 끝난다. 버스로 한 정거장만 가면 양재시민의 숲이다. 흐드러지게 벚꽃터널을 이룬 양재천과 형형색색 수십 가지의 색과 모양으로 꽃잔치를 벌이고 있는 양재꽃시장은 4월이 제철이다.

| 가는 법 | 지하철 3호선 수서역 6번 출구 |
| --- | --- |
| 루트 | 수서역 6번 출구 앞 들ᄆ-리−돌탑−산불감시초소−대모산 정상삼각점−헬기장−조망명소−천으 약수터 갈림길−구룡산 정상−산불감시초스−한국국제협력단 옆 산행들머리 |
| 소요시간 | 3~4시간 |
| 연계산행 | 우면산, 청계산 |
| 기타루트 | 지하철 3호선 일원역−대모산도시자연공원−대모산−구룡산−양재시민의 숲 |

강남 한복판 탁 트인 숨구멍

# 청계산 618m

♫ 너의 집은 교육개발원 사거리

옛 이름 포이동, 현 지명은 개포 4동

사거리 좌회전하면 너의 집인데

용기가 없어 머뭇머뭇 그냥 지나치네~

오늘도 난 망설이다가 좌회전 못하고

직진해버렸네. 직진해버렸네. 그러다 청계산 가버렸네~ ♫

"청계산 자주 오십니까?"

"네 요즘 들어 자주 오게 되네요, 사실 사랑하는 사람이 생겨가지고…."

"근데, 왜 혼자 오셨습니까?"

"아, 그게, 고백할 용기가 없어가지고 망설이다보니까, 청계산 좋아하세요?"

"저야말로 어쩌다보니 청계산 와버렸네요."

–영화 &lt;시라노 연애조작단&gt; OST '청계산 가버렸네' 중에서–

청계산 하면 먼저 영화 &lt;시라노 연애조작단&gt;에서 최다니엘과 엄태웅이 부른 귀여운 OST가 떠오른다. 청계산 근처에 사는 그녀 집을 기웃거리다 용기가 없어 고백도 못하고 결국 청계산에 가버리고 만다는 내용의 가사가 수줍은 남자의 순정을 보여주는 듯 사랑스럽다.

그러고 보니 청계산에는 다른 산에 비해 청춘남녀가 많다. 이효리, 전지현이 청계산 등산으로 몸매관리를 하고 김제동이 수시로 오른다며 매스컴을 탔기 때문일까. 등산복을 탈피한 자유로운 복장의 청춘들이 놀이터 삼아 청계산을 오르내린다. 모르긴 몰라도 젊은피가 가장 많이 찾는 서울산일 듯 싶다. 강남 주변부의 산이라는 지리적인 이유도 강남의 유흥을 즐기는 청춘남녀를 불러들이는 데 일조하는 걸까.

## 천 개의 계단을 딛으며

지하철 신분당선 청계산입구역이 생기고부터는 초심자들이 청계산에 가기는 한결 수월해졌다. 주말 청계산입구역은 산행객들의 집산지 역할을 톡톡히 하고 있다. 서울

역보다 더 와자지껄한 청계
산입구역을 빠져나와 큰 길
을 5분 정도 걸어가면 원터
골 입구가 나오는데 많은 등
산객이 이곳에서 발을 뗀다.

원터골 입구에서는 크게
매봉이나 옥녀봉 쪽으로 방
향을 잡게 되는데 매봉은 길게 걸어도 2.8km, 옥녀봉은 1.8km 정도다. 어느 루트로 가
나 계단은 피할 수 없다. 천 개의 계단이 있어서 천계산이라는 우스갯소리가 있을 만
큼 청계산에는 계단이 많다. 계단은 천 개를 쉬이 넘고도 한참을 더 간다. 청계산의 계
단은 인내심을 요구하지만 난코스가 없어 산이 처음인 사람도 부담 없이 오를 수 있다
는 장점도 있다. 사람들 다니기 편하라고 깔아놓은 계단이지만 산 좀 다녀봤다는 사람
들은 오히려 계단을 꺼린다.

계단이 많은 나무데크길은 편하기도 하지만 한편으론 단조롭다. 편리함 뒤에 따라
붙는 것은 건조함. 바위가 많은 산은 다소 위험하지만 재미와 활력을 주는 반면 편안
한 계단길은 안락함 대신 지루함을 동반한다. 그래서 산꾼들은 모두 스릴 있는 바위산
으로 가버리고 아직은 산이 익숙지 않은 젊은 남녀들이 이 산을 채우고 있는지도 모를
일이다. 그 지루함 달래라고 매봉으로 오르는 계단마다에는 번호가 붙어있다.

계단 오르내리기가 가장 좋은 다이어트 운동이라는 언론보도는 계단이 많은 청계
산을 야외 헬스장화시키고 있기도 하다. 운동 삼아 산에 오르는 것은 좋지만 산이 헬
스장은 아니라는 사실만은 기억했으면 좋겠다.

## 풋내 나는 자연의 도시락 안고

원터골 입구, 경부고속도로 밑의 굴다리 안에는 채소난전이 펼쳐져 있다. 늘 보던 사람에게는 익숙하지만 처음 보는 사람에게는 난데없는 장터다. 흔한 상추와 고추, 오이부터 각종 쌈채소, 감자, 계절과일, 계절나물 등 과일·채소로는 없는 게 드물다. 할머니들의 난전은 직접 텃밭을 일군 듯 소소하기도 하고 제법 없는 것 없이 거나하기도 하다.

맨밥과 쌈장만 싸오면 청계산 도시락 준비는 끝이다. 쌈채소와 오이, 고추, 과일 등을 산 입구에서 사고 청계산 계곡자락에 한번 흔들어 먹으면 그 맛이 기막히다. 산에서는 자연을 닮은 단순한 맛이 웬일인지 사람의 간사한 혀를 더 만족시킨다. 매콤달콤 짭짤한 맛은 외려 산중 도시락에 어울리지 않는 궁합이다. 혀도 순간이나마 자연에 동화되는지 한참 삼림욕을 한 몸은 어느새 순결한 음식을 원한다. 풋내 나는 야채에 만

밥과 쌈장만 있으면 수라상이 부럽지 않다.

　어디든 자연에서 먹는 밥은 단출해도 늘 꿀맛인데 나무로 둘러싸인 숲 속에서 먹는 밥은 밥이 아니라 보약 같다. 힘들게 오른 산 중턱에서는 시장기뿐 아니라 상쾌한 바람과 빛 고운 초록도 반찬이 된다. 뭔들 맛있지 않을 수 없다. 혀가 느끼는 말초신경의 맛이 아니라 온 몸으로 느끼는 자연의 맛이다.

## 그늘이 있는 아랫자락, 그늘을 내어주는 사람

　계단을 오르고 또 올라, 아예 어디가 끝인지 묻지도 따지지도 않고 체념하고 오르다 보면 매바위를 지나 매봉이 슬쩍 머리를 내민다. 대개 산 정상은 전망이 좋지만 그렇다고 오래 머물 수는 없다. 꼭대기에는 햇볕을 피할 그늘이 없다. 꼭대기는 보통 암릉이고 그래서 나무도 거의 없는 경우가 많다. 그러니 그늘도 없다.

　산뿐 아니라 사람 사는 곳에서도 정상에 오래 머물 수 없기는 마찬가지다. 올라가면

다시 내려가야 하는 것이 산의 순리인 것처럼 사람에게도 올라야 하는 정상과 내려가야 하는 순간이 있을 테다.

조금이라도 아래로 내려와야 다시 숲을 만나고 그 그늘 밑에서 쉴 수 있다. 사람에게도 다른 사람을 위한 그늘이 필요하다. 그늘 없는 정상에 등산객이 오래 머물지 않듯 그늘을 내주지 않는 사람에게도 타인이 들어설 공간은 없다. 정상은 아니지만 조금 낮은 곳이더라도 그늘을 드리운 사람이 되는 건 어떻겠느냐고 아랫자락의 숲이 말하는 듯 하다.

혈읍재는 청계산 정상인 망경대로 가는 마지막 재다. 우리는 망경대까지 오르지 않고 대신 그 아래의 혈읍재 간이매점에서 쉬어가는 것으로 오름을 마무리했다. 그 재의 숲에서, 마음씨 좋은 매점아저씨가 농사지은 풋고추를 앞에 놓고 주거니 받거니 소소한 이야기 안주삼아 마시는 막걸리는 정상에 오르는 일보다 훨씬 뿌듯하고 훈훈한 기분을 느끼게 했다.

혈읍재에서 약초샘골을 지나 옛골로 내려오는 길, 비온 뒤라 청계산 하류의 물줄기는 시원하게 흐른다. 흐른다는 표현보다는 쏟아진다는 표현이 더 어울린다. 지난 주 가뭄 끝에 산을 찾았을 때는 말라버린 계곡에서 물소리 한 자락 들을 수 없어 더 갈증이 나더니 이제야 묵은 체증이 풀리는 기분이다. 발이 시려 얼얼해질 때까지 한동안 흐르는 계곡물에 발 담그고 산행의 피로를 푼다. 이것이 여름산행의 시원한 맛이다.

| 가는 법 | 신분당선 청계산입구역 2번 출구 |
| --- | --- |
| | 큰 길 따라 5분 정도 걸어가다 보면 굴다리가 나오고 그 밑을 통과한 |
| | 후 아웃도어 매장들을 지나쳐 올라가면 원터골 입구다. |
| 루트 | 원터골-정자-원터골쉼터-헬기장-돌문바위-매바위-매봉-혈읍재- |
| | 계곡길-옛골 |
| 소요시간 | 3~4시간 |
| 연계산행 | 구룡산, 대모산 |
| 기타루트 | ① 원터골녹지초소-마당바위-길마재-헬기장-매봉 (2.5km) |
| | ② 개나리약수터-돌탑-옥녀봉-공중전화-매봉 (3.9km) |
| | ③ 청계골녹지초소-청계골쉼터-길마재-공중전화-매봉 (2.2km) |

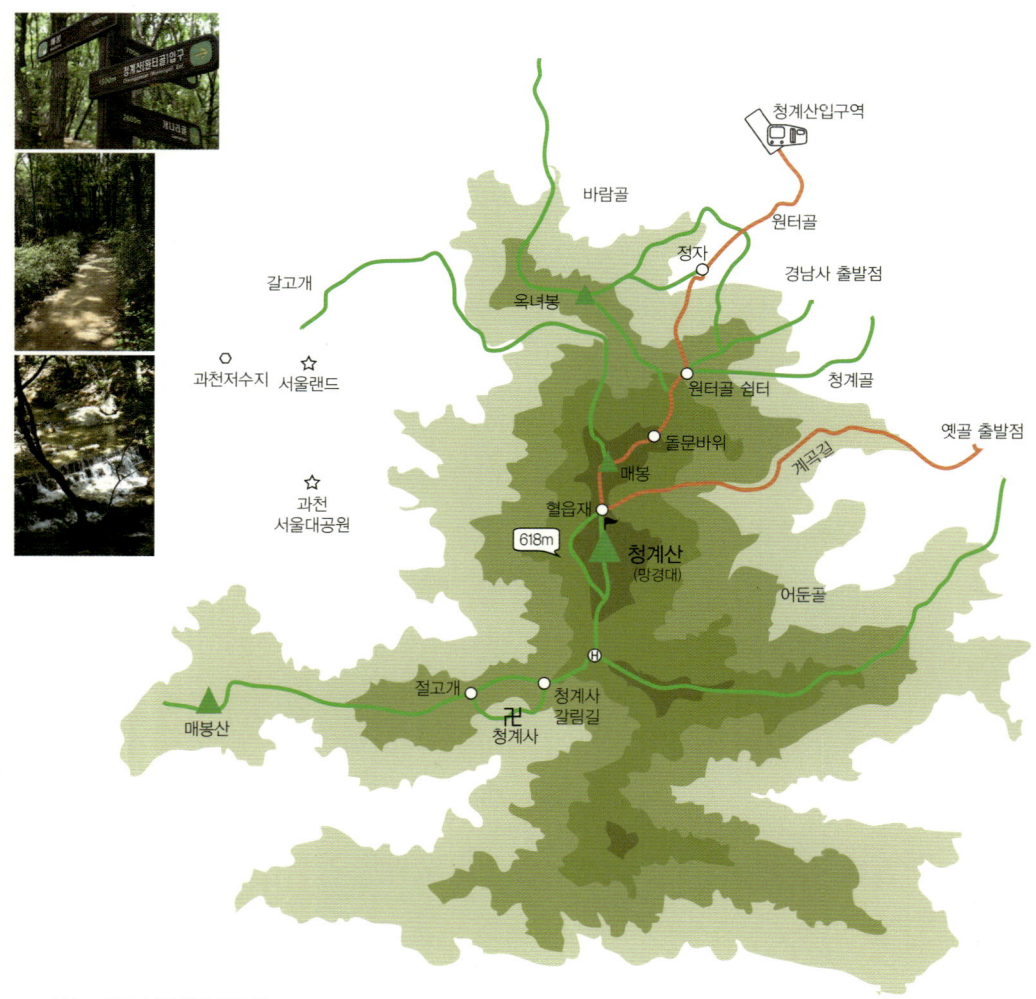

소나무의 산, 오름보다는 숲을 즐기리

# 아차산 287m · 용마산 348m

　겨울에 찾은 아차산은 다른 겨울산에 비해 앙상하거나 삭막하다는 느낌을 전혀 주지 않았다. 빼곡히 들어찬 소나무 덕분이다. 소나무 가득한 숲은 늘 청량하다. 소나무가 여느 활엽수보다 2배 이상의 피톤치드를 내뿜는다는 과학적 증명이 이것이 단순한 느낌만은 아님을 말해준다. 그래서 소나무 밑에 누워있거나 소나무 숲을 꾸준히 산책하면 각종 질병에 도움이 된다고 의사들은 말한다. 명품 소나무라 불릴만한 토종 소나무들이 여기저기 자리를 잡고 앉아있다. 아차산은 명실상부 소나무의 산이다.

## 여자가 행복한 짧은 여행旅行, 여행女幸공원

아차산공원관리소 입구에는 여성이 산행하기 편하고 여성이 행복한 산이라는 뜻의 여행女幸공원 팻말이 붙어있다. 그래선지 젊은 여자들이 눈에 많이 띈다. 역시 아차산은 오름보다는 숲을 즐기는 여자들을 위한 걷기 좋은 산이다. 높지 않으면서도 산행과 산책의 맛을 동시에 느낄 수 있다. 걷는 동안 '좋다, 좋다'를 연발하게 된다. 이곳에서 정상까지는 2km 정도의 길이 대체로 편안하게 이어진다. 초반엔 시멘트 길을 조금 따라가다가 곧 흙길과 계단으로 된 등산로는 산책로처럼 잘 정비되어 있다.

걷기 좋은 길 옆으로는 곳곳에 커다란 바위가 모습을 드러낸다. 아차산 2보루 인근에는 전망이 탁월한 널찍한 바위가 있다. 백여 명은 족히 앉을 수 있을 정도다. 너도나도 그 바위에 철퍼덕 퍼져 앉아 간식도 먹고 사진도 찍는다. 바위는 언제나 사람들로 붐빈다. 아차산 능선부와 용마산정은 서울시에서 선정한 우수 조망 명소다. 아차산 능선부에서는 한강은 물론 남양주 일대와 남한산까지 한눈에 들어온다. 또 용마산정에서는 남산과 북악산. 인왕산 및 서울시내가 시원하게 보인다.

아차산에는 고구려의 바보온달이 평강공주에 의해 온달장군이 되어 신라에게서 아차산을 탈환했다는 '평강공주와 바보온달'의 이야기가 전설처럼 전해져온다. 한강유역은 삼국시대

에 삼국 모두에게 중요한 전략적 요충지였
고 비로소 아차산 유역을 차지한 고구려는
아차산 일원에 보루를 만들어 남진정책의
전초기지로 활용했다. 오르는 길에서도 간
간히 보루를 만난다. 아차산 전체에 포진해
있는 보루의 수는 20여 개나 된다. 브루의 위
치를 중심으로 역사길이 만들어져 있다.

정상길과는 반대 방향에 있는 아차산성길
은 광장동 쪽으로 연결되어 있는데 한강하류
의 북쪽강변에 있는 작은 산봉우리를 감싸고
있다. 성의 둘레는 약 1km 정도로 나무와 넝
쿨이 우거져 있어 퇴락한 느낌을 주기도 하지
만 인공적이지 않아 외려 자연스럽다.

아차산은 한강을 끼고 나지막이 앉아 있다. 강동지역에 사는 주민들에게 아차산은
삶의 쉼터다. 주말이든 평일이든 가리지 않고 사람들이 쉽게 찾는 산이다. 근래에는
아차산은 물론 용마산까지 구리둘레길과 연결되어 이 산을 찾는 인구의 폭은 더 넓어
졌다.

## 산에서 영화를, 더불어 삶을 만나다

아차산이 주 배경이 됐던 홍상수 감독의 영화 <옥희의 영화>에서처럼 아차산은 인
근 대학에 다니는 학생들에게도 좋은 소풍길이다. 영화속에서 영화과 학생인 정유미

는 교수인 옛 애인 문성근과 한 번, 동기인 현재 애인 이선균과 또 한 번, 다른 해 같은 날에 두 번 아차산에 오른다. 그러면서 나이든 남자와 젊은 남자가 어떻게 그 산을 대하는지, 그래서 한 장소에서 했던 그들과의 데이트가 어떻게 달랐는지, 어떤 느낌이었는지 자세히 묘사한다. 여자는 휴게소에 들러 나이든 남자와는 파전에 막걸리를 오래도록 마시고 젊은 남자와는 간단하게 국수 한 그릇 먹고 아차산에 오른다.

현실감이 떨어지는 듯 하면서도 지극히 현실적인 홍상수 감독의 영화들 중에서도 <옥희의 영화>는 그 시절 내게 마음에 남는 부분이 있었다. 아차산을 배경으로 한 영화는, 삶이란 정작 그리 특별할 것도 없이 자질구레하고 소소한 일들 속에서 울고 웃는 것이라고 자분히 말해주고 있었다. 구차하지만 또 그런대로 소중한 우리들 일상을 있는 그대로 보여주면서.

영화 속 주인공들처럼 산중 간이매점을 적잖이 즐기는 나는 아차산에서도 어김없이 매점에 들렀다. 오늘의 메뉴는 오뎅과 막걸리. 겨울에 내놓는 산중매점의 '오늘의 메뉴'는 우직한 식당의 변치않는 메뉴처럼 거의 바뀌는 법이 없다. 사람이 많이 찾는 산일수록, 그리 높지 않은 산일수록 막걸리와 라면을 파는 간이매점은 더 많다. 불법인 듯 하지만 산을 찾는 사람들의 갈증 난 목을 축여주고 허기진 배도 채워주는 고마운 존재다. 이것이 산행의 또 하나의 재미인 것을 부인할 수 없다. 아차산에는 등산로를 따라 꽤 많은 간이매점이 자리를 펴고 있다. 목이 마를 때마다 나올 정도다.

용마산은 아차산 능선과 연결되어 있어 아차산과 함께 둘러보기 좋은 산이다. 아차산 코스가 짧고 용마산과 능선이 이어지기 때문에 용마산까지 넘어가도 무리는 없다. 약간의 오르막길을 지나 용마산 3보루에 올라서면 또 다른 방향의 시원한 전망이 기다린다. 친근한 주민들의 산임을 보여주듯 보루 곁에도 야외운동시설을 갖췄다. 시내를 내려다보며 하는 호사스런 운동이다.

용마산 정상에 잠시 머물다 다시 산책로 같은 산길을 따라 내려온다. 용마산역으로 바로 내려올 수도 있지만 '긴고랑길 아트투어'를 할 수 있는 긴고랑길을 하산길로 택했다. 아차산에는 걷는 코스에 따라 아차산성이나 보루 외에도 〈선덕여왕〉, 〈태왕사신기〉 등의 드라마가 촬영됐던 고구려대장간마을을 비롯해 생태공원, 고구려역사문화 홍보관 등 다른 볼거리들이 제법 많다.

긴고랑길로 내려가면 낙산의 이화마을처럼 벽화가 그려진 아기자기한 마을을 만난다. 집집마다의 벽과 전봇대, 계단 등에 그려진 그림에 시선을 주다보면 지난한 삶에도 여유가 생긴다.

| 가는 법 | 지하철 5호선 아차산역 2번 출구, 도보 10분 |
|---|---|
| | 아차산역 2번 출구로 나오면 아차산 방향 이정표가 보인다. 아차산생태공원 쪽으로 길따라 걸어오다가 아차산관리사무소가 있는 산 입구로 들어오면 된다. |
| 루트 | 아차산관리사무소-낙타고개-해맞이광장-아차산 제5보루-대성암-아차산 제3보루-아차산 정상(아차산 제4보루)-용마산 제2헬기장-용마산 제4보루-용마산 정상(용마산 제3보루)-용마산 제2헬기장-긴고랑길-아차산역 |
| 소요시간 | 3~4시간 |
| 연계산행 | 망우산 |
| 기타루트 | 광나루역 2번 출구-워커힐아파트 입구-아차산성길-광개토대왕길(아차산 정상길)-아차산 정상-용마산 정상(용마산 제3보루)-용마폭포공원-용마산역 |

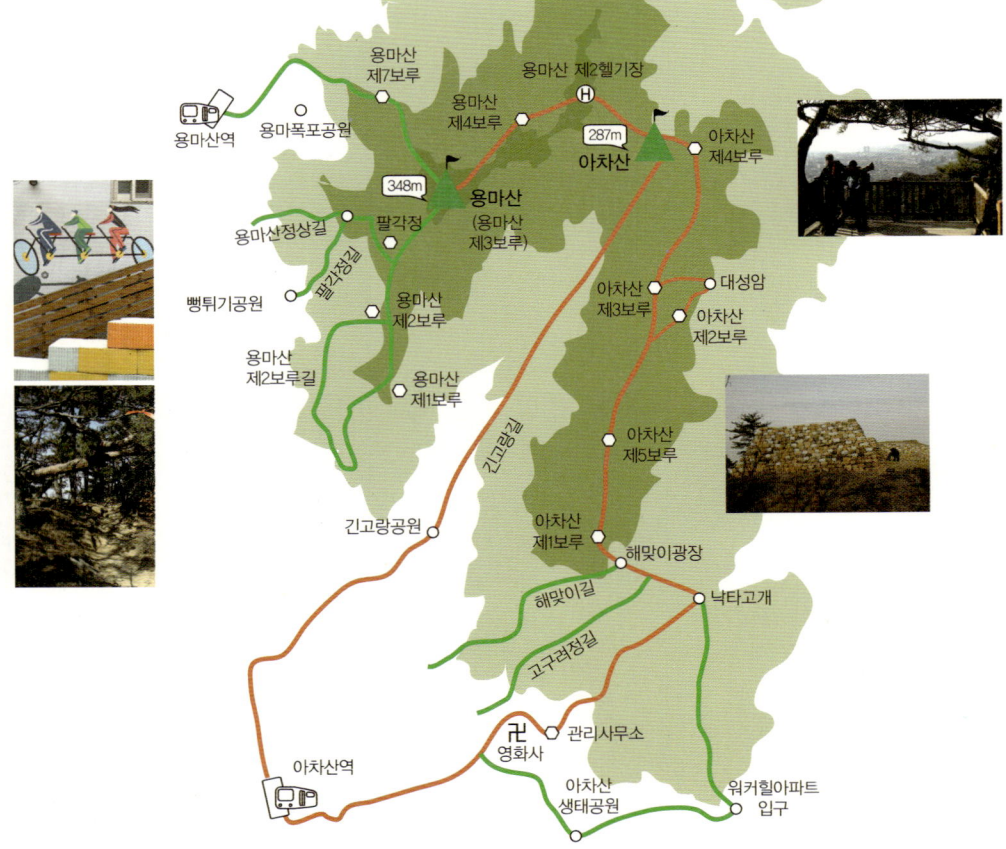

# 구리둘레길

구리시는 주변으 산과 강, 호수, 시가지 등을 아울러 흙
냄새, 풀냄새, 새소리, 물소리, 사람온기가 모두 느껴진
다는 구리둘레길을 개통했다. 아차산, 왕숙천, 장자못,
한강, 동구릉 등을 잇는 총 39.4km의 4코스다.

사노리
나들목

제4코스

등구릉

구리농수산물
도매시장

제3코스

구리역

돌다리
곱창골목

구리시장

구리타워

곤충생태관

제2코스

제1코스

장자
호수광장

광개토다 왕비·동상

장자
호수공원

아차산

아천생태습지

구리한강
시민공원

고구려
대장간마을

___ **제1코스** 역사와 자연이 살아있는 길 (15.8km, 6~7시간)
　　　　　장자호수공원-구리한강시민공원-고구려대장간마을-아차 산 ·
　　　　　망우산 보루군-구리시장
___ **제2코스** 생태복원과 삶이 있는 길 (19km, 6~7시간)
　　　　　광개토태왕비 · 동상-장자호수공원-구리시민한강공원-두리타
　　　　　워-왕숙천-생태습지-구리농수산물도매시장-구리역
___ **제3코스** 생활과 옛 모습이 있는 길 (7.3km, 2~3시간)
　　　　　구리역-구리광장-왕숙천-곤충생태관-구리타워-돌섬-별말-
　　　　　장자호수광장
___ **제4코스** 구리 옛 모습이 살아있는 마을 안길 (6.7km, 2시간)
　　　　　동구릉-안말-두레물골-양지마을-사노리나들목(버스정류장)

유순하고 넉넉한 관악산의 동생

# 삼성산 <sup>481m</sup>

삼성산은 관악산 바로 옆에 붙어 능선을 같이 하는 관악산의 동생 같은 산이다. 높이는 관악산보다 180m 정도 낮고 정상부까지 오르기도 관악산보다 한결 수월하다. 관악산은 악岳. 큰산 악자가 붙은 산이라 아무래도 험난한 바위를 만나면 악!咢. 놀랄 악 한 번 놀라고 또 악堊. 악착할 악을 써서 올라야 할 때도 있지만 삼성산은 관악산에 비해 우순한 편이다. 세 명의 성인을 상징하는 삼성三聖이란 이름처럼 누구라도 너그러이 받아줄 듯 자상하다.

## 홀로, 걷는다

한겨울에 삼성산을 찾았다. 혼자였다. 찾아보면 같이 갈 사람이 영 없는 것도 아니겠지만 그냥 홀가분하게 혼자 가보고 싶었다. 겨울의 추위를 무색케 할 정도의 파란 하늘과 볕 좋은 날이 바깥나들이를 유혹했고 집 앞 산이라는 데 대한 가벼움도 있었다.

혼자 하는 국내산행은 집 앞 산이라도 사실 처음이다. 뉴질랜드에서 3박 4일간 홀로 트레킹을 떠난 적은 있었지만 이니 동행을 만나 완전히 혼자는 아니었다. 개인적으르는 외국에서 혼자 다니는 것이 국내보다 자우롭다. 혼자 여행을 하거나 트레킹을 하는 사람이 긿기 때문에 혼자인 것이 여럿인 것만큼 자연스럽다. 사람들의 시선에서 자유로우니 행동에 제약도 덜하다. 여행자들끼리 친해져 동행을 이루기도 쉽다. 그래서 오히려 여행파트너가 없어야 더 많은 사람을 만나고 다채로운 경험을 하게 된다.

하지만 국내에서는 혼자 여행을 하거나 산행을 하는 것이 좀 부자연스럽게 느껴졌다. 홀

로인 자들에게, 특히 여성에게 타인의 시선은 자주 멈추어지거나 측은지심의 눈빛이 되기 때문이다. 그런저런 이유로 약간의 부담을 안고 길을 나섰다. 하지만 막상 산에 오르니 산에는 남녀노소의 다양한 '홀로'들이 많았고 아무도 그 '홀로'들을 눈여겨보지도, 이상하게 여기지도 않았다. 산행을 운동으로 여기는 사람들이 많기 때문이었다.

그때부터는 걸으면서 고요히 명상의 시간을 가질 수 있었다. 시간이나 동행에 구애받지 않고 걸었고 기다리는 사람이나 재촉하는 사람이 없으니 사진 찍는 것도 더 여유로웠다. 물론 가벼운 외로움이 일기도 했지만 그 종류는 쓸쓸함이라기보다는 달콤함에 가까웠다. 산과 숲과 나무와 바위와 비로소 오롯이 마주할 수 있는 흔치 않은 시간이다. 그래서 가끔은 아무도 재촉하지 않는 혼자도 좋다.

때로는 단순히 묵언하는 것만으로도 에너지가 모인다. 그 에너지는 다시 삶의 잔잔한 활력으로 발현되곤 한다. 글을 쓸 때 손가락이 생각을 이어나가게 해주는 것처럼, 걸을 때는 두 발이 생각을 이어준다. 잡념도 사념도 모두 나의 소중한 생각들이다. 잡념이 보배라고 말한 어느 명상가의 말처럼 잡념 속에서 보석 같은 생각의 실마리들이 풀려나온다.

한겨울의 산은 눈 쌓인 돌계단을 걷는 재미가 있다. 아이젠을 낄 정도는 아니고 외진 곳에만 아직 녹지 않은 눈덩이들이 남아있어 발로 눈 장난도 해본다. 입으로 마신 차가운 공기를 뜨거운 호흡으로 내뱉으며 홀로 한겨울의 산 속을 누비는 오롯함을 즐긴다. 아무래도 겨울 산에는 서울이나 근교라 해드 다른 계절에 비해선 사람이 훨씬 뜸하다. 마음은 고즈넉하게 젖고 감성은 무르익는다. 생각은 저대로 사방으로 나래를 펼쳤다가 모이고 다시 뻗었다가 모이고는 한다. 열심히 몸을 움직이며 하는 생각은 가만히 앉아서 하는 생각보다 훨씬 긍정적이다. 고민보다는 의욕이 솟는다.

## 발걸음도 쉬엄쉬엄, 생각도 쉬엄쉬엄

삼성산으로 진입하는 길은 크게 안양 방면과 관악산 정문 방면, 서울대학교 방면 등으로

몇 개가 있지만 가장 대표적인 길은 관악산 정문길이다. 관악산 등산로와 그 입구를 같이 하고 있어서 관악산으로 올라가는 1km 가까운 아스팔트 진입로도 동일하다. 제2광장이 나오기까지 30여 분간은 산행보다는 산책에 가깝다.

야외공연장을 방불케 하는 제2광장에는 통기타 부대가 연습 삼아 연주에 나서고 있었다. 겨울임에도 작은 무리의 관객이 호응해 주는 산중공연은 나름의 운치가 있다. 흘러간 옛 가요나 팝송이 기타 현 튕기는 소리와 함께 산중에 울린다. 주말 오후엔 보통 이곳에서 통기타 연주회가 열린다고 한다. 본격적인 산행에 앞서 통나무 의자에 앉아 잠시 쉬어가기 좋다.

이 광장에서 삼막사까지는 3km 남짓이다. 언제나 그렇지만 막바지에 놓인 깔딱고개만 빼면 길은 크게 힘들이지 않고 부드럽게 이어진다. 나무데크나 돌계단으로 잘 닦여있는 길은 걷기에 편하다. 광장에서 1km쯤 더 가면 삼막사 가는 길과 관악산 연주대 가는 길로 갈리는데 이곳에 때때로 번데기와 막걸리 등을 파는 간이매점이 선다.

겨울이라도 주말엔 사람들이 꽤 있다. 혼자라도 사람들과 섞여 큰 등산로를 따라가면 홀로 미끄러져 고립될 위험은 별로 없다. 길이 좋아서 다칠 염려도 거의 없지만, 발목을 삐더라도 주변에 사람이 많아 도움을 청하기도 쉽다. 그래도 혼자일 때는, 특히 겨울에는 더 주의해야 한다.

그리 힘들이지 않고 올라선 정상인데 전망은 자랑할 만하다. 까마귀 한 마리가 정상부를 비행하고 있다. 독수리라도 될 양 당당한 자태의 검은 까마귀는 한껏 날개를 펴고 구름 위를 유영중이다.

멀리서 보는 풍경은 그게 무엇이든 간에 대체로 아름답다. 날고 있는 새도, 고된 노동을 하고 있는 농부도 멀리서 보면 그저 풍경에 녹아든 그림처럼 한가롭게만 보인다. 저 새에게도 나름대로는 삶의 무게가 있겠지만 그래도 저 새가 부럽다. 아무리 높은 곳엘 오르고 올라도 기껏 땅위에서 한 치도 발을 떼지 못하는 어쩔 수 없는 인간이라서 저 무명의 새가 부럽다. 저 새가 부럽고 또 부러워서 날지 못하는 나는 자꾸 자꾸 산엘 오른다.

| 가는 법 | 지하철 2호선 서울대입구 3번 출구 |
|---|---|
| | 5511, 5513, 5515번 버스를 타고 서울대 정문에서 내려 오른쪽으로 2~3분 정도 걸어가면 관악산 입구가 나온다. |
| 루트 | 관악산 관문-숲속도서관-제2광장-약수터-삼막사삼거리-깃대봉-삼성산 정상-무너미고개-제4야영장-아카시아동산-호수공원-관악산 관문 |
| 소요시간 | 3~4시간 |
| 연계산행 | 관악산, 호압산 |
| 기타루트 | 관악산 관문-경로구역-팔각정약수터-돌산-국기봉-장군봉-깃대봉-삼성산 정상-삼막사-남녀근석-서울대수목원-안양예술공원-1호선 관악역 |

북악산
인왕산
남산
낙산
남한산

제3장

# 성곽길 따라 한양 한 바퀴

주봉인 북악산을 중심으로 좌청룡 낙산, 우백호 인왕산, 그리고 그를 마주하고 있는 남산. 북악산과 인왕산, 낙산, 남산을 한 바퀴 어우르는 서울성곽은 총 길이 18.2km 중 근대화와 일제에 의해 평지성곽의 대부분이 헐리고 현재는 산지에 있는 성곽 10.5km만 남아있다.

성곽이 복원되고 걷기운동이 붐을 이루면서 성곽을 따라 걷는 것 역시 유행처럼 번지고 있다. 북악산, 인왕산, 남산, 낙산의 성곽에 세워진 4대문과 4소문을 거치는 4개의 성곽길 코스는 옛 서울인 한양의 아름답고 아련하고 미련하고 또 현명했던 역사를 켜켜이 간직하고 있다.

노인의 얼굴에 훈장처럼 새겨진 검버섯과 같이, 세파에 시달려 거뭇거뭇 울퉁불퉁 이끼 낀 옛 돌들 위로 말끔한 새돌들이 다시 쌓아졌다. 옛 모습을 잃고 인공적으로 복원된 성곽의 모습이 안타깝기도 하지만 저 돌들에도 언젠가는 이끼가 끼고 검버섯이 생길 것을 믿으며 오늘의 이 길을 걷는다.

왕의 위엄이 숨쉬는

# 북악산 <sup>342m</sup>

북악산 등산은 북악산 성곽길 걷기로 대신할 수 있다. 경복궁과 청와대가 기댄 뒷산이라는 명예와 멍에를 동시에 안고 있는 북악산은 사람들이 많지 않고 경호원들의 경비도 삼엄해 왠지 엄숙한 분위기를 풍긴다. 청와대가 지척인 데다 간첩이 출몰했던 과거도 있어 신분증이 있어야 출입할 수 있는 산이기도 하다. 북악산 성곽길은 안보의 이유로 40여 년간 출입이 통제됐다가 2006년 4월에야 일반에 개방됐다. 그러니 가볼 수 있다는 것만으로도 어찌 보면 행운이다. 친절한 성곽길 덕분에 산책삼아 걸어볼 수 있다.

## 살아 천년, 죽어 천년

북악산의 옛 이름은 백악산이었다. 경복궁의 풍수는 백악을 주봉으로 하고 왼편의 낙산을 좌청룡, 오른편의 인왕산을 우백호로 삼았다. 또 백악산과 마주보는 남산은 안 산으로 남쪽의 경계로 두었다 4개의 산이 한양을 둘러싸고 있어 주궁인 경복궁을 보 호하고 있는 형세다. 북악산에 올라보면 풍수지리를 몰라도 그 지세와 위세만으로 북 악산이 왕의 산인 이유를 짐작할 수 있다.

북악산 하면 떠오르는 것은 계단과 스나무다. 북악산 성곽길의 대부분은 나무데크 로 잘 정돈된 계단이다. 성곽을 따라 계단을 오르내리다 보면 촛대바위니 청운대, 백 악마루 등을 만나게 된다.

오래된 소나무가 많은 탓에 겨울이 라도 아주 삭막하지는 않다. 이리저리 휘어진 몸으로 나지막하게 서 있는 소 나무에는 조선왕조 500년사와 대한민 국 현대사의 굴곡진 역사가 깃들어 있 는 듯 하다. 허기야 사람보다 긴 것이 나무의 목숨이다. 사람이 베어버리지 만 않는다면 100~200년이야 우습게 살아내는 소나무에게 사람의 역사란 반복되는 흥망성쇠의 지루한 연속일 지도 모른다.

≪열국기≫라는 중국 무협지에 이런 말이 나온다.

'영웅 다섯이 일어나 춘추시대 소란했으나 겨우 청사에 몇 줄 성명을 남겼을 뿐 경각간에 흥하고 망했으니 덧없다. 보아라, 북망산도 황량하다. 전 사람 가졌던 땅을 뒷사람이 차지했으니 용과 범이 서로 싸운 걸 일러 무삼하리요.'

나라의 흥망도 작게 보면 원통할 일이나 크게 보면 누군가 차지했던 땅을 또 다른 누군가가 차지하는 것에 불과하다. 삼국이 망해 고려가 일어났고 고려가 망해 조선이 일어났으며 조선이 망해 지금의 대한민국이 되지 않았던가.

오래된 나무결을 어루만지다보면 100년, 200년 전 옛 사람의 손길과 맞닿는 듯한 묘한 착각이 인다. 더불어 수세대를 살아온 나무가 인간세상을 바라보는 눈길은 어떤 것일지도 궁금해진다. 살아 천년, 죽어 천년이라는 나무의 생이 영험하게 느껴진다. 나무의 생은 이토록 길고도 멀다.

## 숙정문, 창의문을 지나는 고즈넉한 길

북악산에는 서울성곽의 2개 문이 포함된다. 숙정문과 창의문이다. 북대문인 숙정문의 이름은 '엄하게 다스린다'는 뜻으로 사람의 출입을 목적으로 지어진 것이 아니라 4대문의 격식을 갖추기 위해 지어졌다. 평소에는 닫아두고 전시나 왕의 행차 등 비상시에만 개방했기 때문에 평소 한양으로 들어오는 문의 기능은 북소문인 창의문<sup>자하문</sup>이 대신했다. 숙정문 역시 1968년 북한 무장공비 침투사건인 1.21사태 이후 통제됐다가 북악산 성곽길과 함께 개방되어 지금은 누구나 관람이 가능하다.

북악산 성곽길이 일반에 개방되면서 북악산을 오르는 사람도 많아졌다. 오랜 기간 보호받아 온 덕분에 북악산은 사람들의 해침 없이 고고하다. 개방은 됐지만 신분증까지 맡겨야 하는 수고로움 때문인지 주위 다른 산에 비해서는 주말인데도 사람이 많지 않다. 중간중간 보초를 서고 있는 군인들 때문에 분위기도 삼엄한 편이다. 지정된 곳이 아니면 사진도 함부로 찍을 수 없다. 덕분에 누구하나 소란스럽지 않

고 묵묵히 제 갈 길만 가는 사람들은 그 산처럼 고요하다. 방해하는 것 하나 없이 '오로지 사색'이 가능한 공간이다. 그 흔한 아저씨 부대와 아줌마 부대가 별로 없다는 것도 마음에 든다.

달리 외유할 곳 없었을 역대의 왕들도 호위무사 한두 명쯤 거느리고 오롯이 산책했을 법한 길이다. 한양의 시가지를 내려다보며 고요히 나라의 대소사를 염려하고 궁리하지 않았을까. 북악산 성곽길을 걸으며 나 또한 개인의 대소사를 궁리한다.

북악산 정상은 계단만 열심히 오르면 도달하는 야트막한 높이다. 그래도 정상 인근에서 보는 시가지의 전망은 여느 산에 뒤지지 않는다. 높이는 낮아도 서울을 엄숙하게 굽어보고 있는 양이 나름으로는 꼭 서울산들의 대장노릇을 하고 있는 듯 하다. 북한산 밑으로 들어앉은 평창동의 오밀조밀한 주택가가 평화롭게 보인다.

갑자기 눈발이 날린다. 조선 초 태조 이성계가 처음 4대산<sup>북악산, 인왕산, 낙산, 남산</sup>을 아울러 성곽을 축조하려고 계획할 때 지금의 성곽이 있는 자리에만 눈이 소복하게 쌓여 그 눈길을 따라 성곽을 쌓았다고 하는데, 마침 그걸 증명이라도 하려는 듯 날리는 눈발이 신기하다. 눈이 내리는 성곽길은 그만의 운치가 흐른다. 눈발 날리는 날을 우연치않게 고른 것은 행운이다. 눈 내리는 북악산은 이처럼 아늑하고 고요하다.

자하문이라는 이름이 더 친숙한 창의문을 끝으로 산책 같았던 북악산 산행이 마무리된다. 2.2km의 성곽길은 2~3시간 걷기만으로도 충분하다. 백악마루에서 창의문까지는 급한 경사를 이루는 계단이라 내려갈 때는 특별히 더 조심해야 한다. 창의문에서 굴다리 하나를 통과하면 바로 부암동이다. 궂은 날, 가마솥에서 끓여내는 부암동 멸치국수 한 그릇으로 속까지 채우고 보니 흐린 날의 산책 같은 산행에 나름의 멋과 맛이 있다.

| 가는 법 | **말바위안내소: 지하철 3호선 안국역 2번 출구** |
| | 종로 02번 마을버스 탑승 후 성균관대학교후문에서 하차, 걸어서 10분 정도면 |
| | 와룡공원에 도착, 성곽길 따라 20분쯤 걸어가면 말바위안내소가 나온다(안국 |
| | 역 1번 출구 도보 15분). |
| | **지하철 4호선 혜화역 1번 출구** |
| | 종로 08번 마을버스 탑승 후 종점하차, 걸어서 10분 정도면 와룡공원에 도착, |
| | 성곽길 따라 20분쯤 걸어가면 말바위안내소가 나온다. |
| 루트 | 삼청공원–말바위안내소–숙정문–촛대바위–백악마루–돌고래쉼터–창의문 |
| | (2.2km) |
| 소요시간 | 2~3시간 |
| 연계산행 | 인왕산 |
| 기타루트 | 국민대–북악공원지킴터–여래사–하늘마루–하늘교–호경암–동마루–다모정– |
| | 하늘한마당 |

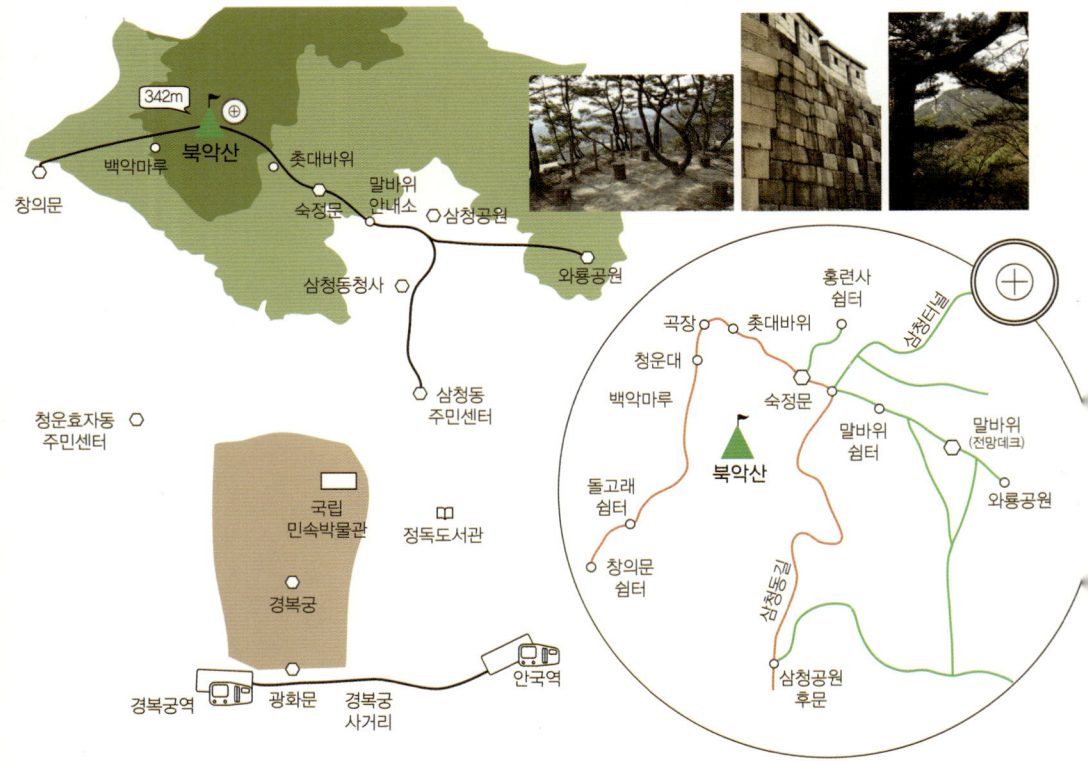

## 북악산 성곽길

출발지       갈바위안내소, 숙정문안내소, 창의문안내소
주의사항    신분증 지참필수, 사진은 지정된 장소에서만 촬영 가능(숙정
              문, 촛대바위, 청운대, 백악마루, 백악쉼터, 돌고래쉼터)
개방시간    하절기(4~10월) 오전 9시~오후 3시까지 입장가능, 동절기
              (11~3월) 오전 10시~오후 3시까지 입장가능(오후 5시까지 퇴
              장, 매주 월요일 휴관(월요일이 공휴일일 경우 화요일 휴관)
해설프로그램   매일 오전 10시, 오후 2시(동절기: 오전 10시 30분, 오후 2시)

우뚝 솟은 바위산

# 인왕산 <sup>338m</sup>

    몇 년간 광화문네거리로 출근을 하면서 아침마다 바라본 인왕산은 일반적인 산행

으로 오를 수 있는 산처럼 보이지는 않았다. 그래서 아예 가 볼 생각조차 못했다. 우뚝

솟은 바위산은 암벽을 타야 겨우 오를 수 있을 것처럼 엄청난 위압감을 주곤 했다. 인

왕산은 여기저기 돌출된 화강암 때문에 마치 전설의 산처럼 느껴진다. 그 호기로운 모

습으로 인해 예부터 산수화의 소재가 되곤 했었다 한다. 옛날에는 경복궁까지 호랑이

가 자주 출몰할 만큼 험하고 깊은 산이었다는 인왕산 아랫자락에는 지금도 장난처럼

호랑이 조각상이 놓여 있다.

## 옛 것에 대한 그리움으로 걷는 길

성곽길을 따라 걸을 때마다 묘한 감상에 젖는다. 몇 백 년 된 나무를 쓰다듬을 때와 비슷한 감상이다. 타임머신을 타고 잠시 과거에 들른 것처럼, 과거와 현재를 무시로 넘나드는 유행중인 드라마처럼, 옛 사람이 밟았던 자리, 그 손길이 닿았던 자리가 생생하게 느껴질 때가 있다.

새로 얹은 성곽의 인공적인 돌들이 더 안타까운 건 그 때문이다. 옛 손길이 사라진 옛것은 그 의미를 찾기가 어렵다. 서울의 많은 옛것들이 대개는 임진왜란에 불타거나 일제에 의해 소실되거나 한국전쟁 때 사라진 것을 복원한 것이라 여직 그런대로 남아 있는 것들을 보면 비록 무생물이지만 그 생명력에 박수를 보내고 싶어진다.

그런 점에서 산은 대체로 예나 지금이나 온전하다. 여전한 우뚝함을 자랑한다. 간혹 이기적인 인간들이 산을 뚫고 깎아 터널이나 골프장, 아파트를 지어 산을 아프게 하고

있기는 하지만 그래도 산은 쉬이 그 모습을 바꾸지 않는다는 점에서, 믿을 것 없는 세상에 몇 가지 믿을 만한 것이다. 산은 오직 세월에 깎이고 무뎌진다는 점에서 우직하다. 인왕산은 그런 우직함의 표본처럼 함부로 범접할 수 없는 우뚝 솟은 모양으로 몇 백 년, 몇천 년 전처럼 변함없이 서울 한복판, 그리고 정치판을 엄하게 내려다보고 있다.

## 성곽길 따라 오르고 오르면

독립문역에 인접한 무악동 야생화정원에서 인왕산 등산로가 시작된다. 서울성곽길이 연결되어 있다는 얘기에 부담을 내려놓고 인왕산에 오른다. 인왕산 능선을 타고 흐르는 성곽의 모습은 과거와 현재의 연장선상에 있다. 아래쪽 성벽은 세월의 때가 짙게 배어 있고 상단부는 이제 막 쌓아올린 새 돌들이다. 복원하려는 노력은 돌의 연륜에까지는 그 손길이 미치지 못해 반짝반짝 윤이 나는 새 돌들이 보란 듯이 자리한다.

멀리서 보기에도 급작스럽게 높아지는 산의 형세처럼 인왕산에도 깔딱고개가 있다. 아직 복원중인 성곽길을 약간 우회해 등산로로 직접 오른다. 1km 정도의 깔딱고개는 꽤 힘들다. 그 우뚝한 모습처럼 만만하지 않다. 산에 심겨진 소나무들의 위세도 그렇다. 북악산의 그들처럼 함부로 범할 수 없는 기운이 서려있다.

깔딱고개를 다 올랐어도 길은 단박에 순해지지 않는다. 성벽을 따라 한참 돌계단을 오른다. 서울의 시원한 전망 같은 것을 함부로 내어놓지는 않겠다는 오기다. 종아리에 단단하게 힘이 붙는다. 오르는 길이 힘들긴 해도 성곽 넘어 확 트인 서울의 전망을 흘 긋거리니 숨을 헐떡여도 유쾌하다. 정상부근에 설치된 철계단은 인왕산 등산의 막바지 고비다. 그나마 철계단이 있어 정상부에 올라볼 수 있지 그마저 없으면 암벽을 타야할 판이다.

짧지만 힘들게 오른 인왕산 정상은 황홀한 전망을 내어주며 그제야 잘 왔노라 외인을 반긴다. 3km, 2시간 남짓의 산행으로 선사받는 풍경은 기대만큼 화려하다. 청와대가 지척이고 경복궁도 한눈에 들어온다. 광화문네거리도 시원하게 보인다. 사대문 안이 한 장의 사진처럼 펼쳐진다. 지금이야 시내가 빌딩숲 일색이지만 100년 전만해도 초가집, 기와집이 옹기종기 모여 있었겠거니 생각하며 모르는 그 시절을 떠올려 본다.

사방을 둘러봐도 전망은 황홀하다. 남산과 함께 서울시내에서 전망이 가장 좋은 산일 거라 짐작해본다. 인왕산은 서울 중심부가 한눈에 내려다보이는 그 경관만으로도 충분히 올라볼 가치가 있다. 위에서 내려보는 광화문네거리는 평지에서 버스창문으로 봤던 그 거리와 사뭇 다르다. 위압감을 주던 관청들과 광장도 조그맣게 귀엽고 차-

들도 험악했던 아랫동네와는 달리 옹기종기 지나간다. 버스를 타고 그 길을 달리며 했던 온갖 고민과 망상들도 작게 보인다. 산을 내려가면 그것들도 다시 따라 커지겠지만 적어도 이 순간만큼은 손톱만큼 작아지는 것이다.

인왕산 정상부에는 군초소가 있고 북악산처럼 방향에 따라서는 사진도 함부로 찍을 수 없다. 무서운 것 없는 청와대가 카메라는 무서운 모양인지 청와대쪽은 영 불허이고 남산방향만 허용된다. 장쾌한 전망 덕에 쉬이 내려오고 싶은 마음은 생기지 않는다. 인왕산에 오른 뭇 사람들 역시 전망에 홀려 추운 겨울날씨임에도 정상부에 오랫동안 머물러 있다. 보온병에 싸온 커피 한 잔 호호 불어 마시며 서울의 꼭대기에서 제 사는 자리를 내려다본다.

싸늘해지는 날씨따라 아무리 좋은 전망 앞에 서 있어도 이제 내려 갈 시간이다. 기차 바위 능선을 타고 내려온다. 정상부의 전망이 서서히 고도를 낮추며 이어진다. 바위산은 하늘을 나무로 가리기보다 탁 트인 시야를 내어준다. 여름이라면 볕 가릴 곳 없어 힘들 수도 있겠지만 겨울볕은 따사롭기만 하다. 정상부에서 기차바위를 타고 1km정도 더 동네 쪽으로 내려오면 아파트촌을 지나 홍제역에 닿는다.

| 가는 법 | 지하철 3호선 독립문역 1번 출구, 도보 10분 |
|---|---|
| | 독립문에서 아파트 방향으로 걷다보면 국사당이 나온다. 국사당 옆길로 |
| | 가다보면 야생화정원이 있고 인왕산 등산로 표지판이 있다. |
| 루트 | 국사당–야생화정원–큰 길–군초소–호랑이동상–약수터–인왕산 정상– |
| | 치마바위–홍제역 |
| 소요시간 | 2～3시간 |
| 연계산행 | 북악산 |
| 기타루트 | ① 경복궁역 1번 출구–사직공원–황학정–만수천약수–치마바위–윤동주 |
| | 시인의 언덕 |
| | ② 부암동사무소–반계 윤웅렬 별장–기차바위–창의문 |

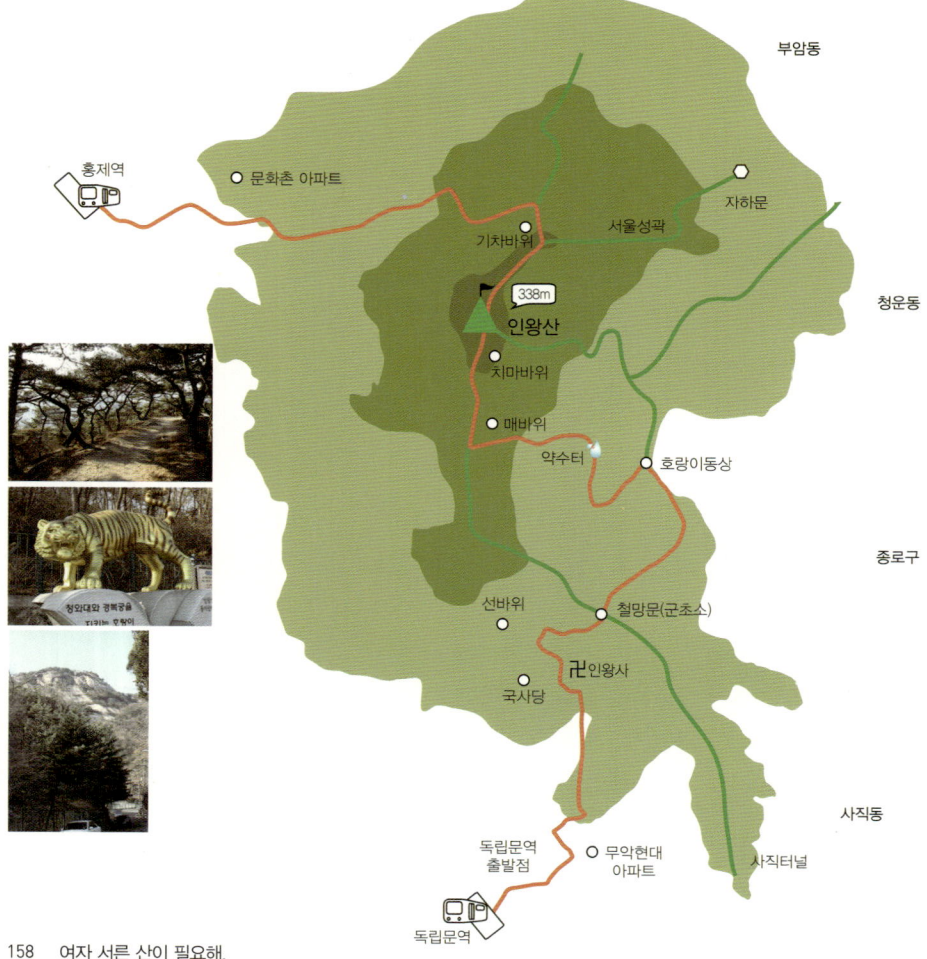

부암동

홍제역

문화촌 아파트

서울성곽

자하문

기차바위

청운동

338m

인왕산

치마바위

매바위

약수터

호랑이동상

종로구

선바위

철망문(군초소)

인왕사

국사당

사직동

사직터널

독립문역
출발점

무악현대
아파트

독립문역

## 동네 골목길 관광 코스

오래된 동네가 많아 한옥이나 구멍가게 등 옛 정취가 묻어나는 곳이 많은 종로구에서 동네 골목길 관광 코스를 만들었다. 인왕산 인근의 무악동 일대에는 동네 골목길 관광 6코스가 이어져 있다.

'인왕산 바위가 전하는 이야기길'은 서대문형무소 옥바라지를 하던 아낙들이 임시로 기거하던 여관골목과 인왕사, 그 주변의 선바위와 해골바위, 무악동 주민들이 조성한 야생화정원 등을 테마로 걷는다. 약 2시간이 소요되며 옛 동네를 탐험하듯 아기자기한 볼거리를 준다. 이 코스는 3호선 독립문역 1번 출구에서 시작한다.

## 국사당

인왕산에는 중요민속자료 28호로 지정된 국사당이 있다. 남산을 받들어 제사를 지내던 사당으로 원래 남산 팔각정에 있던 것을 1925년 일제가 이곳에 옮겨 지었다. 나중에는 굿당으로 변했는데 지금까지도 국사당에서는 내림굿, 치병굿, 재수굿 같은 굿판이 벌어진다. 그래서인지 국사당 주위로 무당집이 많다. 여러 개의 종단과 암자들이 인왕사라는 하나의 명칭 아래 공존한다.

세계시민의 쉼터, 호젓한 성곽길

# 남산 <sup>262m</sup>

얼핏, 봄날에 웬 코스모스인가 했더니 매발톱꽃이란다. 남산공원에는 아는 꽃보다 모르는 꽃이 더 많다. 도시인이란 최신 IT기기에는 능통해야 하면서도 자연에 대해서는 문외한인 것이 전혀 부끄럽지 않은 일이 되어가고 있다. 편리함과 인스턴트에 익숙한 채 자연에 부대끼 못하고 성장한 대부분의 우리 30대들이 그나마 편하게 몸을 부려놓고 마음 부빌 곳은 언제든 부담 없이 찾을 수 있는 간편한 자연, 남산 같은 곳이다.

### 사랑의 산, 소풍의 산, 쉼표의 산

남산에서 흙을 밟기는 이제 거의 불가능한 일이 되었다. 남산은 깔끔한 서울시민의 산이라는 듯 발길 닿는 자리마다 계단과 폭신한 우레탄길을 깔아놓고 사람들을 반긴다. 산책하는 사람, 자전거 타는 사람, 데이트 하는 사람은 많지만 등산을 위해 남산을 찾는 사람은 없다. 남산은 산이라고 하기엔 민망할 만큼 서울시민에겐 친근감 있는 산책로다.

서울 시민의 든든한 쉼터이자 인근 주민에겐 최고의 산책로이면서 외국인에게는 빼놓을 수 없는 서울의 명소로서의 남산은 그 모습에 변화를 거듭했더라도 예로부터 지금까지 한결같이 건재하다. 유난한 커플들이 사랑의 증표로 수십만 개의 자물쇠를 채워 놓은 전망대와 수많은 사람들이 지치지 않고 사진을 찍어대는 정상의 N서울타워, 만남의 장소였던 팔각정과 교대식까지 거행하는 봉수대도 여전하다.

남산에 오르는 방법은 여러 가지다. 그 중 회현역이나 서울역에서부터 성곽을 따라 계단으로 오르는 길이 인기다. 드라마 <내 이름은 김삼순>을 비롯해 수많은 영화와 드라마에서 이 남산계단을 배경으로 숱한 로맨틱 장면을 찍었다. 제아무리 유명해져도 부산사람들이 해운대로 휴가가지 않듯 아마 이 계단을 올라보지 않은 서울시민은 올라본 사람보다 많을 테다. 잘 닦인 계단을 오르다보면 서울 시내가 훤한 전망대 '잠두봉아일랜드'가 나오고 차츰 성곽도 눈에 띄기 시작한다. 정상으로 가는 길에는 발길을 멈추게 하는 전망이 무시로 출현한다.

걷기 싫다면 충무로나 동대입구에서 남산 인근을 순환하는 친환경 버스를 타거나 케이블카로도 정상까지 오를 수 있다.

남산은 언제나 인기다. 평일이나 주말이나, 낮이나 밤이나, 커플에게나 가족에게나, 봄이나 겨울이나. 인기가 떨어지는 날이란 없다. 남산이 보여주는 황홀한 전망 때문이다. 굳이 남산타워에 오르지 않아도 서울 시내를 빙 둘러가며 시원하게 조망할 수 있다. 남산의 밤은 더 특별하다. 사방에서 화려한 불빛을 내뿜는 서울은 낮과는 전혀 다른 새로운 모습으로 시민들의 눈을 유혹한다.

나도 한때는 그 유혹에 자주 걸려들었었다. 남산에서 그리 멀지 않는 회사를 다닐 때는 야근 중에 답답한 마음이 들 때마다 잠깐 화장실에 가는 양, 가방은 회사에 버려두고 혼자 남산에 오르곤 했었다. 걸어서 다녀갈 시간은 없고 택시와 케이블카를 갈아타며 남산에 올랐다. 사연 있는 여자처럼 멍한 표정을 하고는 심호흡 몇 번과 함께 스트레스를 뱉어버리고 조금은 홀가분해진 기분으로 내려오곤 했다. 그리

곤 아무렇지도 않은 듯 다시 일상으로 복귀했
다. 나름의 좋은 스트레스 해소법이었다. 남산
은 그렇게 청춘과 샐러리맨과 상처 입은 영혼
들에게 무언의 에너지를 주는 산이었고 아마
지금도, 앞으로도 그럴 테다.

## 특급호텔 뒤, 서울성곽길

    타워가 있는 정상은 늘 사람들로 붐적인다.
어디 한 군데 고요히 앉아있을 곳을 찾기 어려
울 정도다. 분위기만은 사시사철 축제의 중심
이다. 서울역 방향에서 올라왔으니 내려갈 때
는 장충동 국립극장방향으로 내려간다. 한쪽
으론 남산순환버스도 다니고 다른 한쪽으로
사람도 다니고 간간히 자전거도 지난다. 소풍
갔다 돌아오는 아이들처럼 팔을 휘적대며 '룰
루랄라' 내려온다. 봄이면 벚꽃터널을 만들어
먼 데서까지 사람들을 불러모으는 이 길은 초
여름에는 푸른터널을 드리운다.

    국립극장으로 내려오면 다시 남산 방향으로
올라가는 다른 길을 만난다. 환형으로 한 바퀴
돌아도 좋지만 이번에는 성곽길을 따라 내려

가기로 한다. 국립극장에서 횡단보도를 건너 반얀트리호텔로 들어간다. 호텔 길을 따라 끝까지 올라서야 어슴푸레 숨은 성곽길을 다시 만난다. 호텔을 관통하는 길이다.

그런 이유에선지 문득 사람 발길이 뚝 끊긴다. 특급호텔을 통과해야 한다고 해서 걸음을 멈추거나 주저할 필요는 없다. 호텔공간보다는 성곽길이 우선이다. 호텔은 당연히 성곽길을 시민에게 내주었다. 호텔 뒷길을 찾기가 쉽지 않으니 주차 안내를 하고 있는 직원에게 물어보면 친절히 일러준다.

반얀트리 호텔 뒤로 신라호텔까지 이어진 이토록 멋진 길이 있었다. 인적은 드물고 길은 아늑하고 오솔길은 아기자기하다. 고요하고 호젓한 산책을 즐길 수 있는 1.8km의 구간이다. 사람 한둘 보기 어려운 산책로에서 대중을 피해 산책하는 유명연예인과 정치인까지 봤으니 이 길은 서울성곽길로 이름 붙여져 있긴 해도 은근히 사람 발길 드문 숨겨진 길임이 분명하다. 묘하게 두 개의 특급호텔뒷길로 이어진 이유로.

장충체육관 뒤로 내려오면서 성곽길은 일단락된다. 남산과 서울성곽길을 잇는 이 코스는 총 4.5km로 3~4시간이면 남산과 서울성곽길 모두를 여유롭게 걸어볼 수 있다. 운동화에 캐주얼 복장이면 완벽하다. 장충동에서 족발 대신 시원한 냉면 한 그릇 먹으며 아까 그 길에서 스치듯 지나온 연예인과 정치인 뒷담화를 신나게 한다. 한 주간 쌓였던 묵직한 피로일랑 걸어서 풀고 먹어서 풀고 수다로 흥겹게 풀어 버린다.

| 가는 법 | 지하철 4호선 서울역 10번 출구, 회현역 4번 출구 |
| --- | --- |
| | 서울역 10번 출구로 나와 힐튼호텔을 지나 오른쪽으로 꺾으면 성곽이 |
| | 보이기 시작하고 남산공원으로 가는 계단이 나온다. |
| 루트 | 남산계단–분수대–잠두봉포트아일랜드–케이블카 정류장–봉수대–서울 |
| | N타워–순환버스정류장–전당대–국립극장–반얀트리호텔–호텔 뒷길– |
| | 암문–신라호텔 뒷길–장충체육관–동대입구역(4.5km) |
| 소요시간 | 3~4시간 |
| 연계산행 | 낙산 |
| 기타루트 | 충무로역–남산한옥ㅁ을–한옥마을 뒷 산책로–남산 정상 |

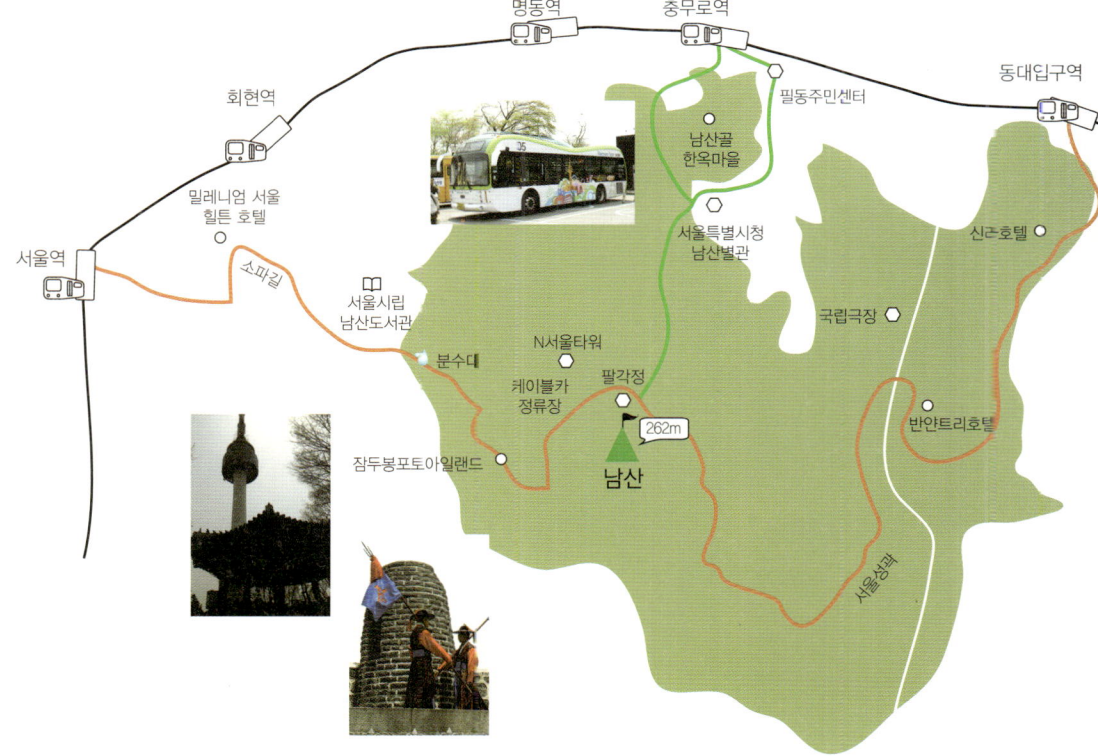

산자락 옛 동네, 성곽길 따라 추억 속으로

# 낙산 <sup>125m</sup>

누구는 낙산도 산 축에 끼느냐고 되묻겠지만 이래봬도 낙산은 경복궁의 왼팔, 북악산의 좌청룡이다. 낙산은 성곽길도 성곽길이지만 이화동 벽화마을로 사람들의 입소문을 타서 유명해졌다. 허름한 옛 집과 길들은 발랄한 벽화들로 채워졌고 퇴락했던 마을의 분위기도 덩달아 화사해졌다.

## 길, 데이트, 추억

낙산에 오른다는 말은 어쩐지 어울리지 않고 공원 산책 정도로 생각하면 된다. 주말이면 낙산공원과 벽화마을, 성곽길에 놀러온 풋풋한 연인들의 모습을 흔히 볼 수 있다. 낙산은 이제 명실상부 연인들의 데이트 코스가 됐다. 낙산공원은 남산공원 못지않은 인기를 누린다. 젊은 연인들에게는 최근 영화와 드라마 배경지가 됐던 낙산이 더 핫하다.

운동화나 플랫슈즈 정도면 양반이고 하이힐을 신은 여자들도 심심치 않게 보인다. 낙산공원까지 마을버스가 올라오기 때문에 이들은 굳이 제 발로 오르지 않아도 낙산의 성곽길을 즐길 수 있다. 창신역에서 대학로, 종로5가, 동대문 등을 거쳐 낙산까지 올라오는 마을버스 03번을 타면 손쉽게 낙산의 중심인 낙산공원에 도착한다. 요즘 연인들은 자유스럽다. 신발을 벗고 성곽에 올라 앉아 간식을 나누어 먹거나 지는 해를 보면서 한담을 나눈다.

동대문흥인지문에서 시작하는 낙산 성곽길은 동소문인 혜화문까지 2.3km밖에 되지 않는다. 더구나 낙산의 높이도 125m로 경사가 급한 산동네 정도다. 여유 있게 걸어도 1~2시간, 독서를 하거나 도시락을 먹는 등 더 여유를 부려도 2~3시간이면 충분하다.

이 길 곳곳에서 발길을 멈추지 않는다는 것은 불가능하다. 성곽길 옆으로 보이는 근사한 풍경을

그냥 지나쳐버릴 수도 없거니와 간간이 만나는 동네로 찾아들어가보고 싶어지는 것이다.

동대문성곽공원을 지나 성곽을 따라 오르다보면 오르는 길에 70~80년대의 모습을 그대로 간직한 동네를 만난다. 혜화역에서 시작해 이화동을 거쳐 오거나 한성대입구에서 창신동 쪽으로 와도 그렇다. 낙산 근처 동네들에는 현실에서도 추억이 흐른다. 빨랫줄에 널린 가족들 빨래며 아이들끼리 장난치며 뛰노는 모습이며 구멍가게의 간이 테이블에 과자한 봉지, 소주 한 병 올려놓은 할아버지들 모습이 정겹고도 아스라하다.

이런 평범한 풍경이 언젠가부터 사라졌다는 게 아쉽고 서운하다. 여백이 있는 단독주택은 사라져 가고 아파트가 그 자리를 빼곡히 채운다. 아파트에 들어앉은 아이들과 어른들은 그 안에서 자기들만의 성을 쌓는다. 세대와 남녀를 아우르던 소통은 없다. 동네에 흐르던 웃음소리 대신 가족이기주의가 흐른다. 그래서 서로는 점점 더 외롭다. 어릴 때 살았던 동네를 찾아가 봐도 옛 동네의 흔적은 온

데 간데없다. 전혀 다른 세상, 아파트 천국이
돼버렸다.

## 모르던 길로, 모르는 동네로

낙산의 성곽길은 폭 1-2m를 유지하며 아기
자기하게 흐른다. 초반에는 종로의 높은 빌딩
들이 줄지어 보이더니 걸어 들어갈수록 풍경
도 가만가만 얌전해진다. 야트막히 정스럽게
들어선 집들 위로 멀리 북한산도 펼쳐진다.

성곽을 사이에 두고 길도 양쪽으로 흐른다.
중간중간에 암문이 있어 문을 통과하면 이쪽
저쪽을 왔다 갔다 하며 걸을 수 있다. 성곽 바
깥길은 성벽이 높게 쌓아올려져 있고 성곽 안
쪽은 사람 키만한 높이로 성곽 너머 바깥을
넘겨다 볼 수 있다. 이쪽을 올려다보는 맛도
저쪽을 넘겨다보는 맛도 저마다 이색적이다.

서울에 30년을 살면서도, 낙산에는 처음 오
른다. 대학로가 지척인데 숱하게 대학로를 오
가면서도 이렇게 좋은 길을 와 볼 생각도 못
했다. '살면서 내가 관심 갖지 않았고 아무도
내게 일러주지 않아서 모르고 말게 된 것들'

이란 얼마나 많은가. 사람들은 흔히 하던 일을 하고 가던 길을 가고 먹던 것을 먹고 만나는 사람들을 만나는 생활을 아무런 의심 없이 오랫동안 지속한다.

생활의 폭이라는 것은 사람마다 다르겠지만 넓어봤댔자 고만고만하다. 많은 사람을 만나고 여러 곳을 돌아다니는 직업을 갖고 있더라도 사생활의 범위는 일과는 별개일 수 있다. 오히려 일로 다양한 경험을 하는 사람들은 사생활을 의도적으로 좁히기도 한다. 자신에게 집중하는 시간을 갖기 위해서다.

한편, 살던 데로만 살면 세월이 흘러도 경험치는 크게 달라지지 않는다. 나이를 먹을수록 무언가에 의해 변하기 힘든 어떤 모습으로 고착된다. 생활에 변화를 주고 새로운 경험을 하고 싶다면 의도적으로 생활 반경을 넓혀야 한다. 심플한 삶의 추구와는 다른 문제다. 그런 면에서 낯선 곳을 걷는다는 것은 새로운 시도다. 아직 이르지 못한 좋은 길, 좋은 장소, 좋은 사람이 세상에는 숱하게 많다.

낙산공원을 통과해 이화마을 쪽으로 내려오면 영화에서 봤던, 혹은 드라마의 그 장

소와 마주친다. 집집마다의 뵈에 그려진 재미난 그림들에 시선을 주며 내려오다 보면
독특한 외관의 이발소를 발견하게 된다. 마치 무당집 같은 화려한 외관이다. 그 외관
을 꾸몄을 이발소 주인이 궁금해진다. 아마도 이발소 주인은 별 볼일 없고 자질구레
한, 종종 구차하기도 한 일상에 잔잔한 재미와 여유를 불어넣을 줄 아는 사람일 거라
고 추측해본다. '제 멋'에 사는 사람인 것이다.

영화 <인생은 아름다워>에서 감독이자 배우였던 로베르또 베니니가 보여준 코미
디가 떠오른다. 삶의 극한에서도 시들지 않는 그 유머러스함이야말로 인간을 가장 인
간답게 하는 것이 아닐까. 유머humor를 알아야 하는 것이 인간이기에 '휴먼homan'일 테다.
유머는 역시 인간 삶에 있어 최고의 무기다. 목구멍으로 밀려드는 밥벌이의 지겨움을

극복할 수 있는 방법도 거기에 해답이 있지 않을까. 그렇게 제 멋에 사는 것, 그래야 어떤 선택을 하든지 후회가 없을 것 같다.

한성대입구역

혜화문
(동소문)

혜화역

아르코
예술극장

마로니에공원

연진아트홀

낙산공원

125m

낙산

이화동
벽화마을

암문

지장암

창신3동

이화장

암문

창신2동

중앙성결교회

동대문성곽공원

동대문
(흥인지문)

동대문역
(1호선 출구)

동대문역
(4호선 출구)

| 가는 법 | 지하철 4호선 동대문역 10번 출구 |
| 루트 | 동대문성곽공원-마을길-암문-낙산공원-체육시 |
|  | 설-성곽길-한성대입구역 |
| 소요시간 | 1~2시간 |
| 연계산 | 남산 |
| 기타루트 | 지하철 4호선 혜화역 1번 출구-대학로-낙산공원- |
|  | 암문-이화동벽화마을-암둔-성곽길-동대문역 |

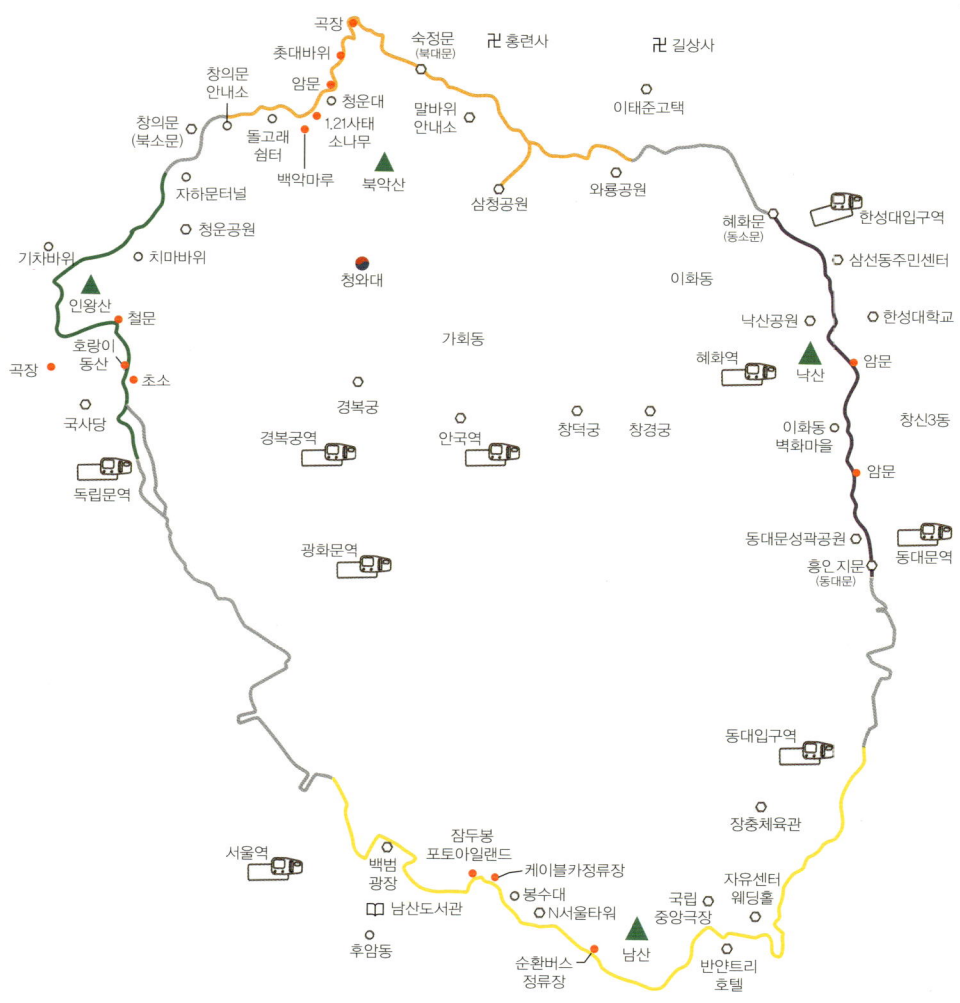

곡장
촛대바위
숙정문
(북대문)
卍 홍련사
卍 길상사
창의문
안내소
창의문
(북소문)
암문
청운대
1.21사태
소나무
돌고래
쉼터
말바위
안내소
이태준고택
자하문터널
백악마루
북악산
삼청공원
와룡공원
청운공원
혜화문
(동소문)
한성대입구역
기차바위
치마바위
청와대
삼선동주민센터
인왕산
이화동
낙산공원
한성대학교
철문
가회동
혜화역
낙산
암문
호랑이
동산
곡장
초소
경복궁
이화동
벽화마을
창신3동
국사당
경복궁역
안국역
창덕궁
창경궁
암문
독립문역
동대문성곽공원
흥인지문
(동대문)
동대문역
광화문역
동대입구역
서울역
장충체육관
잠두봉
포토아일랜드
케이블카정류장
백범
광장
봉수대
자유센터
웨딩홀
📖 남산도서관
N서울타워
국립
중앙극장
후암동
순환버스
정류장
남산
반얀트리
호텔

# 서울 성곽과 사대문

서울성곽은 애초 태조에 의한 조선건국과 함께 수도방어를 목적으로 1396년에 축성되었다. 그런데 성곽 길을 걷다보면 유난히 숙종의 이름을 자주 발견하게 된다. 1704년경 숙종이 대대적으로 강행했던 성곽 정비 정책 때문인데 장희빈의 남자로 더 유명한 숙종이 현재 남아있는 성곽유지에 기여한 바는 크다.

한양에는 네 개의 큰 문과 네 개의 작은 문, 즉 4대문과 그 사이로 난 4소문이 있었다. 4대문은 흥인지문 (동대문), 돈의문(서대문), 숭례문(남대문), 숙정문(북대문)이고 4소문은 혜화문(동소문), 소의문(서소문), 광희문(남소문), 창의문(북소문)이다.

4대문의 이름은 조선시대 유교의 중요한 덕목이었던 인의예지(仁義禮智)에서 따온 것으로 동서남북의 문을 각각 흥인(仁)지문(동대문), 돈의(義)문(서대문), 숭례(禮)문(남대문), 숙정(智)문(북대문)이라 붙였 다. 현재 화재로 소실된 숭례문(남대문)은 2015년까지, 근대화에 의해 사라졌던 돈의문(서대문)은 2013 년까지 서울시에 의해 복원될 예정이다.

4소문 중 서소문인 소의문은 중앙일보 사옥 주차장에 그 터만 있고 현재는 창의문(북소문)과 혜화문(동소 문), 광희문(남소문)만 남아있다. 그 중 창의문은 자하문이라는 이름으로 더 잘 알려져 있으며 4소문 중 우일하게 그 원형을 보존하고 있는 문이기도 하다.

앞서 말한 4대문과 4소문을 모두 연결한 성곽이 바로 서울성곽이다. 남대문인 숭례문이나 동대문인 흥인 지문을 제외하고는 서울에 사는 우리들에게조차 잊혀졌던 옛 문들과 성곽이 다시 재조명 된 것은 불과 몇 년 전부터의 일이다.

4개의 성곽길이 서울시민에게 인기 있는 이유 중 하나는 각 코스마다 걷기 좋고 쉬기 좋은 공원을 포함하 고 있기 때문이다. 북악산에는 와룡공원과 삼청공원이, 남산에는 N서울타워와 남산공원이, 낙산에는 동 대문역사문화공원과 낙산공원, 마로니에 공원 등이 있다.

*이 장에서는 성곽길이 연결된 4개의 서울산을 중심으로 엮었고 평지의 성곽길은 다루지 않았음.

산성의 역사 속에 사람 사는 냄새 가득한

# 남한산 522m

춘래불사춘春來不似春, 봄이 왔으나 봄을 느끼지 못한다. 4월 초에 찾은 남한산에는 아직 완연한 봄이 오지 않았다. 환절기의 산은 개구리가 되려는 올챙이처럼 두 개의 계절을 어설프게 아우른다. 우리들에게도 그런 계절이 있다. 인생의 봄은 사람마다 다른 시절에 온다. 그러나 자연의 계절에는 예외가 없다. 자연만큼 계절의 변화를 예민하게 표현하는 것이 또 있을까. 응달에는 아직 겨울의 흔적이 남아있더라도 양지엔 금방이라도 봄을 데려다 놓을 것만 같다.

도시에서는 하루이틀, 한달두달 정신없이 살다보면 자연의 변화는커녕 계절의 변화조차 쉽게 놓쳐버리고 말지만 계절이 지나는 한가운데 놓인 자연의 속살은 막 태어난 아기처럼 하루하루가 다르다. 흔히 도시의 여자들은 다가올 계절의 옷을 꺼내고 지나간 계절의 옷을 정리하며 계절의 변화를 준비하지만 자연의 변화는 급격하고 또 극적이다. 메마른 땅에서 불쑥 얼굴을 내민 새싹은 여리지만 강인하다. '시작은 미약하나 그 끝은 창대하리라'는 이 여린 싹을 두고 하는 말인 것만 같다. 차도녀에게도 자연의 변화는 마음 들뜨게 신비롭다. 남한산은 한창 지난 계절의 옷을 내리고 새 옷을 갈아입는 중이다.

## 7.7km 산성길 걷기

남한산은 남한산성으로 유명하다. 남한산이라고 하면 "그게 어디야?"라고 물을 만큼 산성을 떠올리지 않고는 남한산을 말할 수 없다. 서울의 동남쪽 끄트머리와 성남, 광주, 하남을 아우르는 남한산성은 어느 쪽으로 올라도 산행과 성곽길 산책을 두루 경험할 수 있다. 산행부터 시작하면 오름을 거쳐 성곽길을 걸을 수 있고 산

행이 부담스럽다면 차를 타고 성곽길까지 오른 후 성곽길 걷기만 해도 좋다.

오름을 빼고서도 성벽을 따라 남한산성을 한 바퀴 도는 데는 3-4시간이 족히 걸린다. 7.7km에 이르는 짧지 않은 코스다. 시내에서 산성마을까지 들어오는 9, 9-1번 버스를 타고 산성로터리에 내리면 남한산초교 옆길을 따라 북문부터 시작해 한 바퀴 돌아 걸을 수 있다. 산성 따라 걷는 길은 오르내림이 없어 힘겹지 않고 소나무 밑을 유유자적하게 걸어보는 여유를 부릴 수 있다. 부모님이나 아이 손잡고 걷기에도 수월하다. 성곽길만 걷는다면 등산복이나 등산화도 필요하지 않다. 산행이 부담스러운 여자들에게도 추천할만한 코스다.

도립공원으로 지정되어 있는 남한산성은 국립공원 전체가 자연보존지구로 지정되어 있다. 수도권 최대의 소나무 보존지구이기도 한 남한산성은 성벽 주변으로 키 큰 노송들이 줄지어 서 있어 성곽길 걷기를 더 우아하게 한다. 산책하는 사람들을 굽어보고 있는 소나무들은 자상한 어머니 같기도 하고 군집을 이룬 그 위엄은 아버지 같기도 하다. 몇 백 년을 살아오며 지켜봤을 역사의 편린들을 소나무는 그 몸속에 나이테마냥 가만히 숨기고 있을 테다. 산성 주위로 산재해 있는 200여 개의 문화재와 수많은 설화들이 남한산성의 역사를 말해주고 있다.

마천역 쪽으로 산행을 시작하면 그 정점에 서문<sup>우익문</sup>이 있고 그 곁으로 수어장대가 있다. 수어장대<sup>守禦將臺</sup>는 원래 군사 목적으로 지은 누각으로 적의 공격에 대비한 관측과 군사지휘를 위한 시설이었다. 이곳이 남한산성을 찾는 이들에게 명소가 된 것은 성 안

에 남아 있는 건물 중 가장 화려하고 웅장한 자태를 자랑하기 때문이란다.

남한산성에는 서문우익문, 북문전승문, 동문좌익문, 남문지화문의 4대문 외에도 10여개가 넘는 암문이 존재한다. 암문은 말하자면 비밀통로다. 적에게는 드러나지 않고 이쪽편만 아는 쪽문이다. 성곽길을 걸으며 숨은그림찾기를 하듯 암문을 찾아 들락날락하며 걷는다.

## 산성마을 사람들

남한산성은 국립공원이면서도 산성내에는 사람들이 자연부락을 이루고 사는 산성마을이 있다. 남한산성과 산성마을의 역사는 신라시대로 거슬러 올라간다. 남한산성은 신라 문무왕 12년에 당나라와의 전쟁에 대비해 축성됐다. 산성내부에는 임금이 임시로 기거할 수 있는 별궁인 행궁을 비롯해 관아와 객사뿐 아니라 종묘와 종각까지 마련됐다. 산성에는 그러한 내부시설을 우지하고 관리할 관리들이 대거 필요했고 많은 수의 관리들이 들어와 살게 되면서 그 가솔들이 산성에 마을을 이룬 것이 산성마을의 유래다.

분지지형 안에 포근히 들어앉아 있는 이곳은 그 지형만은 마치 울릉도의 나리분지

를 연상케 한다. 소란 없이 고요하기만 한 나리분지에 비해 산성마을은 외지인의 출입
이 잦아 늘 번잡하긴 하지만 외부로부터 격리된 지형적 느낌만은 비슷하다. 그래서인
지 산성마을의 옛 이름도 너른고을이었다.

　남한산성을 지키며 살던 산성마을은 지금은 시끌벅적한 유원지가 되어 집집마다
백숙과 도토리묵, 파전 등 전형적인 등산 메뉴를 파는 식당들로 바뀌었다. 산성마을
사람들이 현대를 살아가는 또 다른 방편인 게다. 밥벌이의 방식은 변했어도 그 안에
살아가는 사람들의 뿌리는 크게 달라지지 않았다. 지금까지도 수대째 산성마을에 터
를 잡고 살아가는 사람들이 많다. 그래서 산성마을 안에는 역사적 시설물들은 물론 그
사이로 초등학교나 파출소, 교회같이 사람 사는 동네에 흔히 있을법한 것들이 두루 갖
추어져 있다. 겉으로는, 그리고 낮에는 외지인에게 백숙을 파는 그렇고 그런 유원지
식당이더라도 밤이 되고 집 안 깊숙이 들어가면 그곳은 여느 동네와 다름없이 사람 사
는 곳이 된다. 누군가는 남한산성을 시끄럽고 번잡한 유원지쯤으로 느끼겠지만 그 깊
은 속내는 전혀 다른 것인지도 모른다.

남한산의 나무는 아직 그 가지마다 푸른 봄을 맞지는 않았지만 분홍 진달래가 조그만 손을 팔락거린다. 인간의 생과 사는 100년 주기로 일어나지만 꽃나무의 생과 사는 1년 주기로 일어난다. 그 봄이 아니면 그 꽃을 다시는 볼 수 없다. 봄꽃도 그렇지만 눈꽃도 그렇다. 눈꽃은 한 계절, 그것도 눈이 내리고 그치는 사이에 잠깐 피었다 지고 만다. 찰나의 여운이 주는 미덕인지 봄꽃단큼 눈꽃도 시리게 아름답다. 남한산성은 봄보다도 그 설경이 절경이라는데 다가오는 겨울엔 남한산성의 눈꽃을 놓치지 않을 수 있을지. 다시 찾을 남한산성의 돌무더기에 작은 돌멩이 하나 사뿐히 올려놓는다.

| 가는 법 | 5호선 마천역 1번 출구 |
|---|---|
| | 먹거리촌을 지나 남한산성 입구 쪽으로 도보 10분 |
| | 8호선 산성역 2번 출구 |
| | 9번 버스를 타고 산성로터리에서 내려 도보 5분 |
| 루트 | 마천역–만남의 광장–호국사–유일천약수터–일장천약수터–서문–수어장대–영춘정–만해기념 |
| | 관–산성로터리 |
| 소요시간 | 3~4시간 |
| 연계산행 | 금암산, 검단산 |
| 기타루트 | 남한산성 탐방코스 |
| | 1코스  산성로터리–북문–서문–수어장대–영춘정–남문–산성로터리 (3.8km) |
| | 2코스  산성로터리–영월정–숭열전–수어장대–서문–국청사–산성로터리 (2.9km) |
| | 3코스  남한산성역사관–현절사–벌봉–장경사–망월사–지수당–남한산성역사관 (5.7km) |
| | 4코스  산성로터리–남문–남장대터–동문–지수당–개원사–산성로터리 (3.8km) |
| | 5코스  남한산성역사관–동문–동장대터–북문–서문–수어장대–영춘정–남문–동문 (7.7km) |

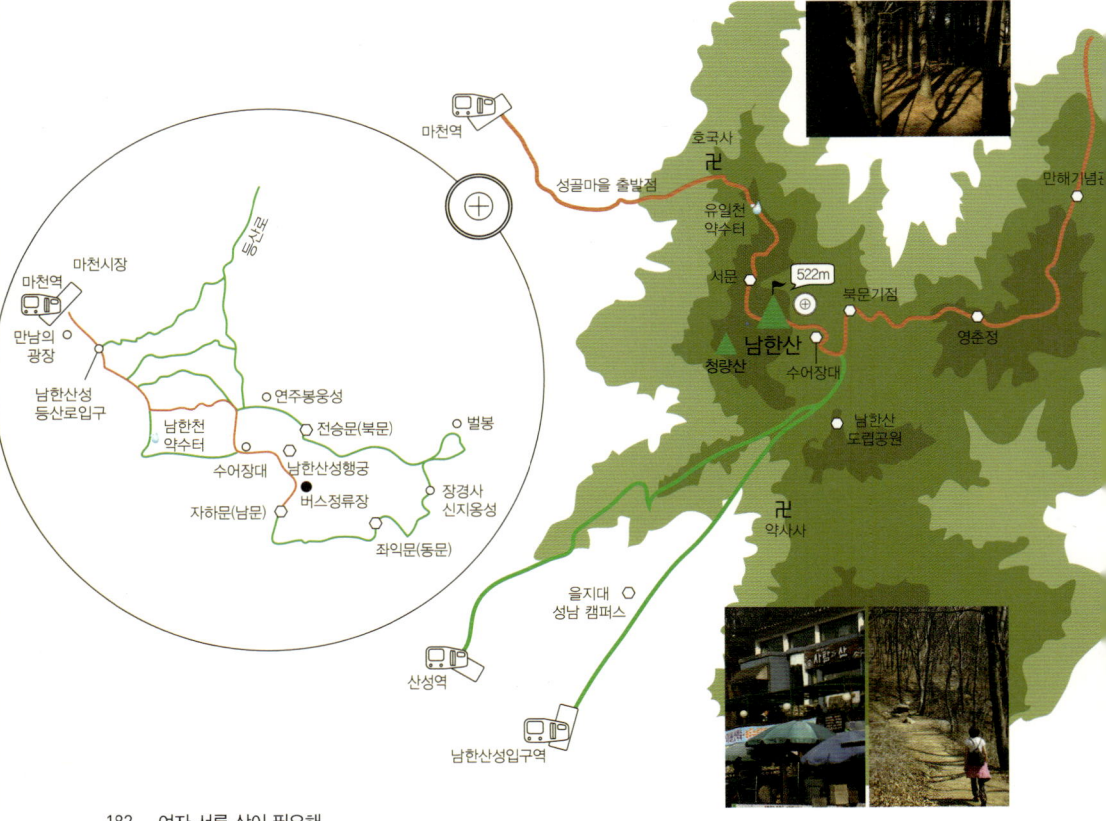

유명산
관악산
호룡곡산
운길산

# 제 4 장

# 여름철 물놀이, 물 좋고 산 좋은 곳으로

산은 언제나 사람을 품는다. 봄에도 가을에도, 겨울에도 여름에도 산에는 세상으로부터 홀가분하게 벗어난 섬이 있다. 쉬어야 머리가 돈다. 쉬어야 마음도 넉넉해진다. 넉넉해야 나눌 수 있고 모자라도 웃으며 넘길 수 있다. 쉬어야 사는 맛이 난다. 조금만 쉬지 않아도 사람은 삭막해진다. 작은 일에 짜증이 나고 신경질적이 된다. 삶의 의욕이 사라지고 무기력해진다. 그러니 쉬지 않을 수가 없다. 쉬어야 사는 것처럼 제대로 살수 있다.

계곡을 품은 여름산은 싱그럽다. 강을 품어 안은 산은 평화롭다. 바다를 품고 앉은 산은 호기롭다. 물이 있고 숲이 있고 돗자리를 깔고 누울 흙이 있는 산에서 나는 이 여름을 보낸다.

계곡의 풍류를 즐기고 싶다면

# 유명산 <sup>864m</sup>

'유명'이라는 그 이름 때문에 더 유명해진 유명산. 원래 이름은 마유산馬遊山으로 말이 노니는 산이라는 뜻이다. 천리길을 가던 말도 잠시 여장을 풀고 한가로이 노닐 만큼 경치 좋고 물 좋은 산이다. 능선을 따라 산을 오를 때는 그 말을 잘 실감하지 못해도 정상에서 30~40분쯤 내려가다 보면 누구라도 놀고 가지 않을 수 없는 깊고 푸른 계곡을 만난다.

마당소와 용소, 박쥐소 등으로 이어지는 물가의 절경이 기막히다. 계곡이름 말미에 붙어있는 '소'란 물웅덩이를 뜻하는 한자로 옛 선비들은 경치 좋은 웅덩이마다 이렇게

'○○소' 같은 이름을 붙여 놓았다. 이것저것 따지지 않고 풍덩 뛰어들고 싶은 계곡이다. 이런 절경에서도 쉬어가지 않는 이라면 상종하지 않아도 좋다.

## 육산과 암산의 이중생활

물 좋은 곳에는 사람이 끊이지 않는 법. 그래서 유명산에는 사람의 발길이 끊이지 않는다. 자연휴양림을 갖춘 유명산은 가족들에게 특히 인기다. 산행길에 들어서기 전 야영장을 바라보며 캠핑이 대세임을 다시 한 번 실감한다.

야영장을 지나면 정상으로 오르는 긴 오르막이 이어진다. 2km 정도 흙길을 밟으며 오르게 되는데 정상까지는 작은 오르내림도 없이 내내 오르막이다. 내리 오르막을 걷다보니 자주 걸음을 멈추고 심호흡을 하게 된다.

능선을 타고 오를 때 유명산은 전형적인 육산의 면모를 보여준다. 육산이란 바위보다는 주로 흙으로 이루어진 산으로, 흙길로 이어진 길은 걸음을 내딛기에 편안하다. 덕분에 시선이 자유롭다. 발끝을 주시하지 않고 나무와 하늘, 이곳

저곳을 기웃거리면서도 편안하게 오를 수 있다. 오르는 동안 떡갈나무와 낙엽송, 소나무 등이 무성한 숲은 여름에도 맘 편히 시원하다. 흙길 옆으로는 고사리가 꽃처럼 피었다.

정상에 오르니 넓은 벌판이 펼쳐진다. 제일 먼저 눈길을 사로잡은 건 하늘에 두둥실 떠 있는 패러글라이더다. 빨강, 파랑, 노랑 날개를 활짝 펴고 하늘을 나는 글라이더들의 자유로움이 지상으로도 고스란히 전해진다. 저마다 고개를 꺾고 입을 벌린 채 글라이더를 쳐다보는 사람들 마음도 그들 못지않게 하늘로 솟구친다.

솟구치려는 마음을 간신히 붙잡고 풀밭에 앉아 도시락을 먹는다. 정상의 간이매점에서 파는 막걸리와 라면, 아이스크림을 곁들여도 좋다. 어느 자리에 앉아도 전망은 시원하다. 탁 트인 시야로 멀리 용문산도 훤칠하고 유명산과 능선을 맞댄 중미산도 아늑하다.

유명산 정상은 평야를 품고 있어 간이 축구라도 할 만큼 널따랗다. 정상에서 누리는 달콤한 휴식은 언제나 길어도 짧다.

오르는 길은 내내 오르막이라 약간은 지루했던 반면 입구지 계곡 쪽으로 내려올 때는 숨겨졌던 바위산의 면모를 과감하게 드러낸다. 하나의 산에 이런 극단적인 양면성이 있을까 싶게 크고 작은 바위들이 발길을 위태롭게 한다. 하나라도 절경을 놓치고 싶지 않은 마음과는 반대로 눈은 자꾸단 발끝에 모인다.

내려오는 길은 천연의 계곡미를 뽐내지만 걷기에는 만만치 않다. 한 시간가량 능선을 타고 내려오다가 계곡과 단나면서브터는 큰 굴곡은 없지만 누군가 조각조각 깨 놓은 것 같은 자잘한 바위들이 길을 점령한다.

계곡이 출현하는 마당소부터는 계곡에 한눈을 팔면서도 자잘한 돌들에 채이지 않기 위해 꽤나 신경 쓰며 걸어야 한다. 내딛는 걸음걸음이 조심스럽다. 마당소부터 도착점까지는 2.7km로 한 시간 반 정도 걸리지만 계곡에서 한눈을 오래 판다면 하루라도 모자라다.

## 등산이 싫다면 가벼운 숲길 산책

유명산 초입의 자연휴양림은 가족 휴양지로도 좋지만 연인들의 캠핑장 소로도 그만이다. 서울과 가까우면서도 깊은 자연을 느낄 수 있는데다 굳이 산을 오르지 않더라도 휴양림 주위로 조성된 숲길을 걷는 것만으로 만족스럽다.

2.8km의 산책로는 산에 오르지 않

아도 숲의 싱그러운 기운을 충분히 느껴볼 수 있음을 군말 없이 증명한다. 이 길은 산행보다는 걷기 위주인 둘레길, 언저리길을 선호하는 사람들에게 인기다.

유명산의 숲속산책로는 등산로에 비해 많이 알려져 있지 않고 주로 휴양림에 놀러온 사람들의 차지라서 한가롭게 걸을 수 있다는 장점도 있다. 자연휴양림의 방갈로를 중심으로 한 바퀴 돌게 되어 있고 박쥐소 쪽의 계곡에서도 진입이 가능하다. 휴양림에 머물면서 산림욕하기에 더 없이 좋은 코스다. 바위도, 오르내림도 없는 산책로는 등산이 귀찮은 귀차니스트들뿐 아니라 아이들이나 노인에게도 숲을 즐길 수 있는 좋은 대안이다.

| 가는 법 | 경춘선 청평역 |
| --- | --- |
| | 청평역에서 도보 15분이면 청평 터미널에 도착한다. 터미널에서 설악 방면 버스를 타고 유명산 종점에 내린다 |
| | 상봉터미널→유명산 버스 종점 |
| | 상봉터미널에서 유명산행 광역버스 8005번이 하루 4번 있다. 유명산 종점에서 내리면 유명산자연휴양림 입구(입장료 어른 1000원)다. |
| | 상봉터미널 02-494-3030 |
| 루트 | 유명산자연휴양림 매표소-능선오름길-정상-능선길-입구지계곡-마당소-용소-박쥐소-매표소(원점회귀) |
| 소요시간 | 4~5시간 |
| 연계산행 | 소구니산, 어비산, 대부산, 중미산 |
| 기타루트 | 매표소-사방댐-박쥐소-산책로진입-산림문화휴양관-방갈로-데크로드-숲체험코스-사방댐-매표소 |

# 관악산 <sup>629m</sup>

관악산은 내게 집 앞에 있는 동네 산이다. 언제든 갈 것 같지만 실은 일 년에 한두 번
갈까말까다. 그것도 같이 가자는 누군가의 성화에 못 이겨 겨우겨우. 이 지역에서 초
중고를 나온 사람이라면 관악산으로 가는 소풍이나 사생대회, 백일장을 얼마나 지겨
워했는지 알 테다. 나 역시 동네에 있는 관악산의 존재에 대해 별다른 감흥을 느끼지
못한 터였다. 그러다 올해의 산행 계획에 따라, 그것도 그 스케줄의 끄트머리에 관악
산을 겨우 적어 놓고 아무런 기대 없이 산에 올랐다. 원래 등잔 밑은 어둡고 손에 쥐고
있는 빵은 그다지 맛있어 보이지 않는 법이니까.

## 관악산의 재발견

　그런데 호수공원을 지나 계곡을 만나면서부
터 나는 오래된 연인을 다시 보듯 관악산을 다
시 보고 있었다. 서른 개의 서울·근교산들을 대
부분 돌아보고 다시 만난 관악산은 그저 그런
시시한 산이 아니었다. 숲은 울창하고 계곡은
물빛마저 오묘했다. 관악산이 시시한 게 아니라
그 산을 바라보는 내 마음이 시시했던 거였다.

　관악산은 철쭉축제가 있을 만큼 꽃피는 봄
이 아름답고 가을의 단풍이 절경이지만 여름
에도 만만치 않게 스스로를 과시한다. 계곡을
따라 오르는 연주대 코스에서 느낀 청량감은
여름에도 숲속은 시원하다는 단순한 사실에
새삼 감탄하게 한다. 언뜻 생각하면 여름의 산
이 쥐약처럼 여겨지기도 한다. 가만히 앉아 있
어도 덥고 불쾌지수가 올라가기 쉬운 후덥지
근한 날씨에 땀을 뻘뻘 흘려야 하는 산에 오른
다는 것 자체가 이상하게 여겨질 수도 있다. 하
지만 일단 숲으로 들어서면 지상에서는 느낄
수 없었던 상쾌함이 감돌고 햇볕도 나뭇잎으
로 한번 걸러져 한톤 가라앉은 초록의 볕을 내

린다.

여름이라 기력이 떨어지는 건 사실이지만 오르는 걸음걸이에 힘을 빼고 속도를 줄여 천천히 걷다 보면 기운은 오히려 서서히 채워지는 느낌이다. 더구나 숲의 청량감은 실내의 에어컨보다 훨씬 더 매력적이다. 에어컨이 주는 간사한 시원함이 아니라 자연이 주는 본질적인 시원함이다. 얼음처럼 차가운 계곡물에 발이라도 담그면 사람은 단순하게 행복해진다. 집에서 싸간 수박과 참외가 몸의 열을 내려주고 덥지만 홀가분한 여름의 계절감과 함께 잔잔한 즐거움이 솟는다.

관악산은 그런 산행객의 마음을 십분 알아차린 듯 연주대로 오르는 길에 끊임없이 계곡물을 떨어뜨린다. 가뭄이 아니라면 한참을 위로 올라가도 물의 양이 적지 않다. 이쯤에선 계곡물에 발을 담궈야 아쉽지 않겠지 하며 중턱에서 발을 담그고 도시락을 까먹었는데 위로 올라갈수록 더 좋은 계곡들이 속속 나타난다.

연주대 올라가는 길은 생각보다 험하지 않다. 제4쉼터까지는 산책길이라 할 만한 야트막한 코스가 이어지다가 정상을 800m가량 남겨두고 이어지는 깔딱고개도 숲이 있어 그리 어렵지 않게 넘어 볼 수 있다. 우거진 숲이 햇볕을 가려주고 고개를 넘는 사람들에게 무언의 기운을 보내는 까닭이다.

개인적으로는 바위가 많아 스릴 넘치는 악산보다는 흙이 많아 폭신폭신한 육산을 좋아하는데 관악산은 그 이름에 떡하니 '악'자를 붙이고 있으면서도 의외로 포근한 흙길이 많다. 정상부는 큰 바위로 채워져 있고 올라가는 코스에 따라 바위가 많은 길도 있지만 전체적으로 바위산인 북한산이나 도봉산에는 비교가 되지 않을 만큼 아늑하고 포근하다.

흔히 '악'자가 들어간 산은 바위가 많아 오르는 사람이 절로 "악, 악!" 소리를 내게 돈다고 하지만 관악산은 그 산을 오르는 이들에게 바위산의 위엄만을 주지 않는다. 바위산의 진면목을 갖고 있으면서도 흙길을 깔고 무성한 숲을 두어 하늘을 가려주는 등 엄하지만 속내는 한없이 따뜻한 엄마 같다.

## 산에서 명당 찾기

끊임없이 물소리를 들으며 산행 하고 싶다면 관악산 정문에서 계곡을 따라 연주대로 올라가는 루트가 가장 좋다. 계곡을 따라 올라가다보면 소위 '명당'이라 할 만한 자리가 종종 눈에 띈다.

명당의 조건이란 첫째 무성하게 가지를 뻗은 나무 그늘 아래일 것, 둘째 언제라도 계곡물에 발을 담글 수 있는 자리일 것, 셋째 돌이나 경사 없이 평평하게 다져져 눕기 편한 곳일 것, 넷째 등을 기대앉을 수 있는 바위나 나무가 있을 것 등이다. 이 중 가장 중요한 것은 역시 나무그늘이다. 나무 아래에 누워 낮잠을 즐기는 아무렇지도 않은 일이 큰 호사처럼 여겨지는 것은 그만큼 자연과 동떨어진 삶을 살고 있다는 뜻이다.

관악산은 서울 관악구, 경기 과천·안양 등을 아우르는 큰 산이다. 인도밀도가 높은 이들 지역에서 관악산은 시민들에게 자연으로의 탈출구 역할을 톡톡이 해낸다. 관악산이라도 없었다면 이 많은 사람들이 다 어딜 가서 헤매고 다

닐까 싶게, 날씨 좋은 주말이면 사람으로 바글
대는 것도 사실이다. 그럼에도 숲은 생각보다
깊고 넓은 자리를 마련해 놓고 있다. 사람들은
숲 구석구석으로 숨어들어 자신들만의 한가함
을 즐긴다.

연주대에 이르기 10분 전, 연주대가 가장 멋
지게 보이는 전망대에 할아버지 사진사가 있
다. 연주대를 받치고 선 기암괴석은 할아버지
에게 용돈을 벌어주는 고마운 자연이다. 한 장
에 5000원, 즉석에서 사진을 빼준다. 할아버지
가 보여주는 대부분의 사진 샘플은 알록달록
한 아줌마 부대들의 사진이다. 할아버지것과
비슷한 고급 카메라를 들고 있는 내게도 어김
없이 한 컷을 권하신다.

한여름의 땡볕, 그것도 평일이라 "오늘은 공
쳤다"는 할아버지와 한 컷 박는다. 자식들 다
커서 생활비 주니 굳이 돈벌이는 필요 없지만
풍경도 보고 소일할 겸 해서 일주일에 두 번 관
악산에 오르신다는 여든의 사진사 할아버지.
주말에 연주대쪽으로 관악산에 오르는 그 누
구든 할아버지와 옷깃을 스치게 될 테다.

관악산의 품격은 정상에서 만난다. 흔히 관악산의 정상이라고 알고 있는 연주대보다 약간 높은 위치에 있어 더 멀리 내다볼 수 있는 기상관측대의 전망은 시원하고 근사하다. 기대이상이다. 점심시간인 12시부터 1시까지를 제외한 오전 10시 반부터 오후 4시 반까지 운영하는 기상관측대에 올라가면 관악산을 다시 볼 만큼 멋진 풍경이 펼쳐진다. 사람들은 보통 정상의 표지석이나 연주대를 목표로 관악산에 오르기 때문에 기상관측대가 옆에 있어도 별 생각 없이 지나쳐 버리고 마는데 비록 기상관측시설은 직접 볼 수 없지만 꼭 올라보라 권하고 싶다.

관측대를 내려와 연주대를 찾는다. 연주대는 기암괴석 위에 아슬아슬하게 서 있다. 사람들은 기도발이 좋다는 이곳에서 각양각색의 소원을 빈다. 작정하고 절하는 아주머니들의 모양이 하도 전투적이어서 그들의 소원을 다른 것이 아닌 절로 승화시키는 것이 참 다행이란 생각까지 든다. 절하는 아주머니들 곁에서 넋 놓고 풍경을 바라보며 고요히 명상에 잠긴다. 연주대 또한 언제든 산중에서 고요히 침잠할 수 있는 명당 중 명당이다.

최대한 오래 연주대에 머물다가 어둡기 전에 빠른 길을 골라 산을 내려온다. 연주암을 지나 과천향교 쪽으로 내려오는 길은 총 3km로 코스도 짧고 길도 무난하다. 돌계단은 잘 닦여 있고 어렵게 지나야 할 구간도 없다. 천천히 내려와도 두 시간이면 충분하다. 하루의 피서와 피세가 그렇게 끝난다.

| | |
|---|---|
| **가는 법** | 지하철 2호선 서울대입구 3번 출구<br>5511, 5513, 5515번 버스를 타고 서울대 정문에서 내려 오른쪽으로 2~3분 걸어가면 관악산 입구가 나온다. |
| **루트** | 관악산관문-호수공원-아카시아동산-옥류천-수중동산-제4야영장-연주약수터-깔딱고개-연주대-연주암-과천향교 방향-정부과천청사역 |
| **소요시간** | 4~5시간 |
| **연계산행** | 삼성산 |
| **기타루트** | 관음사-국기봉-마당바위-제1헬기장-제2헬기장-연주대(4.5km) |

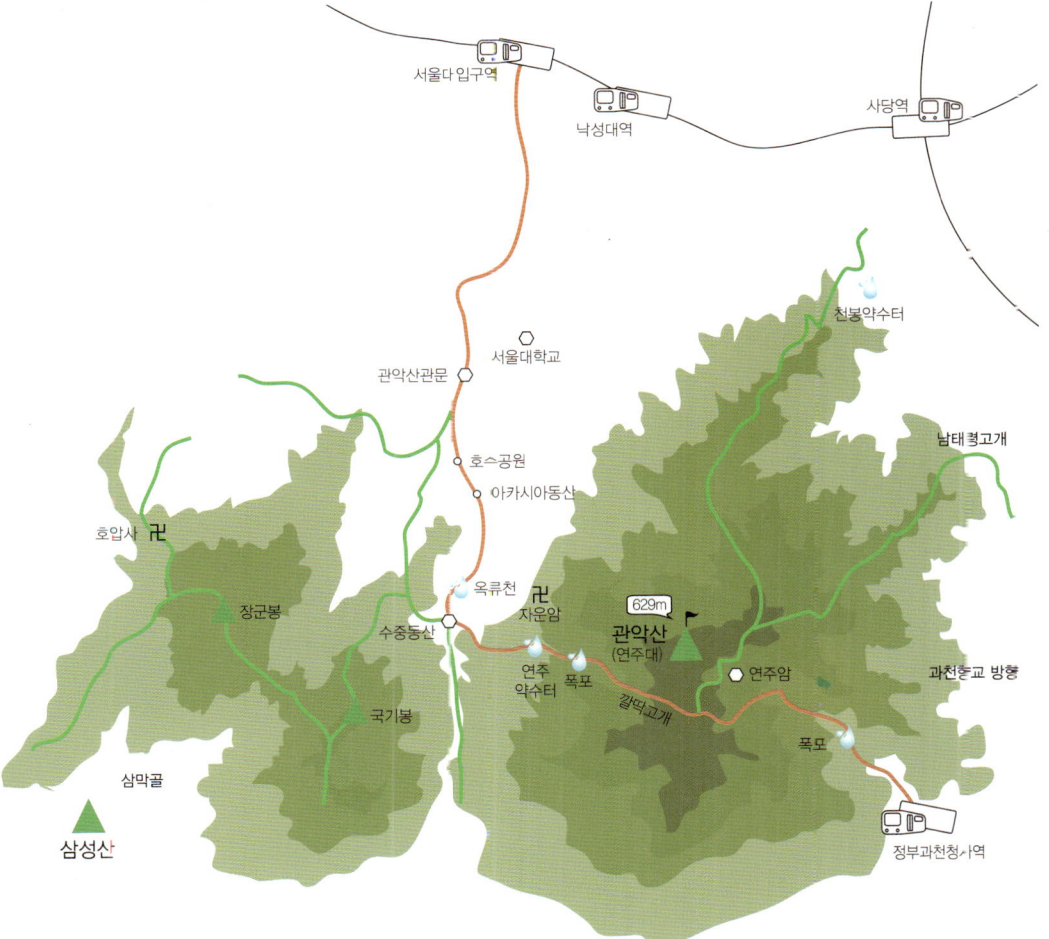

## 관악산 둘레길

요즘은 어느 산엘 가나 둘레길이 인기다. 서울에 있는 산치고 산 주변을 빙 둘러 놓은 둘레길 하나 없는 산이 없을 정도다. 관악산 아랫자락에도 관악산 둘레길이 있다.

___제1구간  까치산 생태육교-무당골-전망대-낙성대공원-서
         울대입구 (4.2km)
___제2구간  서울대입구-돌산-보덕사입구-헬기장-삼성산성
         지-산장약수터-국제산장아파트 (4.7km)
___제3구간  국제산장아파트-광신고-배수지공원-건우봉-난
         우공원-신림근린공원 (4.1km)

산 반 바다 반

# 호룡곡산 <sup>246m</sup>

호룡곡산은 산에 오르면 바다가 보고 싶고 바다에 가면 숲이 그리워지곤 하는 사람들의 간사한 마음을 만족시킨다. 짜장면을 시키면 짬뽕이 먹고 싶고 짬뽕을 시키면 짜장면이 아쉬워 짬짜면이 등장한 것처럼 호룡곡산은 산과 바다를 모두 품고 있다. 후라이드 반, 양념 반의 치킨처럼 호룡곡산은 산 반, 바다 반이다.

무의도에는 두 개의 산이 있다. 국사봉과 호룡곡산이다. 두 산은 하나의 산처럼 먹을 같이 한다. 어느 산을 먼저 오르든 능선을 타고 가다보면 자연스레 둘은 만나게 된다. 두 산을 모두 오르면 5~6시간 정도가 걸리는데 코스가 길다 느껴지면 둘 중 하나에 만 올라도 발 아래 무심히 펼쳐진 서해바다를 감상하며 걷는 특권을 누릴 수 있다.

이번엔 환상의 바닷길 코스가 있는 호룡곡산에 오른다. 호룡곡산은 전체적으로 아 기자기한 느낌을 주는 작은 산이다. 30~40분만 올라도 높은 산에 오른 듯 시원한 바다 를 볼 수 있다는 것이 호룡곡산의 장점이다. 숲이 우거지거나 현란한 풍경을 자랑하지 는 않지만 무엇보다 바다와 산을 동시에 누릴 수 있다는 점이 매력이다.

호룡곡산은 해발 200여 미터의 작은 산이라 정상까지 오르기도 어렵지 않다. 1시간 이면 정상에 도착하고 기대했던 풍경이 스스럼없이 훤하게 펼쳐진다. 배낭 내려놓고, 마음도 내려놓고 하염없이 바라봐도 좋을 바다, 서해다.

## 엄마, 엄마 하고 부를 때 서해가 눈 앞에

가슴이 답답하고 희망을 찾고 싶을 때 흔히 시원하고 장쾌한 모습의 동해를 떠올리듯 마음이 아프거나 허전할 때는 왠지 소박하고 친근한 서해의 일몰이 보고 싶어진다. 마음이 슬플 때 신나는 노래보다는 오히려 슬픈 노래가 더 위안을 주듯 서해는 사람 마음을 다소곳이 어루만질 줄 안다.

밀물과 썰물이 소리 없이 교차하는 중에, 숨은 듯 갯벌에 몸을 박고 사는 생명체들의 고요한 몸부림을 품어주는 서해는 모진 세파에서도 자식을 품어 안는, 꼭 엄마 같다. 그 끈적끈적한 갯벌의 흙이 무수한 생명체들의 집과 밥이 되는 것처럼 엄마의 끈끈한 정이 하루도 거르지 않고 우리를 먹여 살리고 있다.

누구나 좋아할만한 푸른 바다도 아니고 철썩철썩 굵은 파도를 보내오는 시원함도 없지만 서해는 낮과 밤을 잇는 그 끈질김과 갯벌을 잉태하는 기다림으로 늘 한 치 앞을 살아갈 뿐인 우리를 품어 안아 보듬는다.

한 시대가 가면 또 새로운 시대가 오듯, 썰물이 가고 밀물이 밀려와도 서해는 부드럽지만 단단한 모습으로 그 자리를 지킨다. 억척스러운 엄마처럼, 썰물이 가고 난 자리에는 어김없이 새로운 생명을 내어 놓고 젖을 물린다. 저 서해의 생명들이 우리와 닮았다. 우리가 문득 서해를 보고 싶은 것도 삶의 모습이 진하게 배인 그 바다의 모습에서 때때로 스스로의 모습을 발견하기 때문일 테다.

정상의 전망대에서 한참 서해를 바라보다가 그래도 다시 내려가고 싶어진다. 다시 사람 사는 세상으로 돌아가고 싶어진다. 내려가는 길이라도 아주 헛헛한 길만은 아니다. 호룡곡산에는 '환상의 길'이라 이름 붙인 해안길이 있다. 산 아래쪽 허리를 감고 도는 이 길은 소나무에 둘러쌓인 작은 오솔길이다. 물때에 따라 시시각각 제 모습을 바꾸는 서해를 지척에서 내려다보며 한가롭게 걷기 좋다. 정상에서 보던 먼 바다가 아니다. 눈 앞에서 아른대는 가까운 바다다. 등산로를 벗어나 샛길로 넘어가면 바로 갯벌과 만날 수도 있다.

혹은 하나개 해수욕장 쪽으로 내려가도 좋다. 한여름이라면 해수욕을 즐길 수 있다. 흐르던 땀방울 그대로 바다로 뛰어들면 그보다 더 시원한 피서는 없다. 다만 물때가 맞지 않는다면 해수욕 대신 갯벌체험이 기다릴지도 모른다.

산행은 왕복 2시간 정도다. 정상에서 쉬는 만큼이 산행시간에 더 보태어진다. 짧은 산행과 긴 해수욕, 혹은 긴 산행 후 짧은 해수욕, 선택은 자유다.

| 가는 법 | 공항철도 인천국제공항역→잠진도 선착장→무의도 |
|---|---|
| | 인천국제공항 3층 7번 게이트 앞에서 잠진도 선착장까지 가는 버스를 탄다. 302, 306(인천 동인천역 출발, 인천공항 경유)번은 내려서 조금 걸어 들어가야 하고 222번이나 2-1번을 타면 선착장 앞에서 내려준다(06:50~19:20, 30분 간격, 10~15분 소요, 032-751-5554). 단 주말에는 선착장까지 들어가는 길이 외길이라 차가 밀려 선착장에서 다시 500~1000m 떨어진 곳에서 내려주기도 한다. 잠진도 선착장에서 무의도로 들어가는 배를 탄다(뱃시간: 잠진도→무의도 07:15~19:45, 주말 수시운항, 평일 30분 간격, 왕복이용요금 3,000원, 5분 소요, www.무의도해운.kr, 032-751-3354~6). 무의도선착장 바로 앞에서 흐룡곡산 가는 1번 버스를 탄다(10분 소요). |
| 루트 | 광명 등산로 입구-능선길-호룡곡산 정상-마당바위-브처바위-환상의 길-하나개해수욕장 |
| 소요시간 | 2~3시간 |
| 연계산행 | 국사봉 |
| 기타루트 | 무의도선착장-어촌체험마을-실미재-봉오리재-국사봉-구름다리-신선약수-호룡곡산-광명 등산로 입구 |

# 운길산 <sup>610m</sup>

구름이 가다가 산에 걸려 멈춘다고 해서 운길산이다. 산 중을 유유히 오가는 구름을 벗 삼아 고고히 들어앉은 수종사. 운길산 하면 제일 먼저 생각나는 곳은 수종사다. 정확히 말하면 수종사의 찻방이다.

운길산역에서 수종사까지는 2km가량의 산길을 따라 올라간다. 수종사 찻방은 저 아래로 양평시내와 두물머리를 바라보고 느긋이 들어앉아있다. 훤한 통유리로 산 아래 세상을 시원하게 보여준다. 차 한 잔 마시며 넋 놓고 아래 세상을 내려다보고 있노라면 세상근심을 다 잊을 정도는 아니라도 한결 기분전환이 된다.

가끔 저 높은 곳에서 낮은 곳을 바라보고 싶은 심리는 아마 내가 사는 세상을 내 마음크기보다 좀 더 큰 그림에서 보고 싶기 때문일 테다. 찻방의 통유리는 마치 캔버스에 그려진 그림처럼 저 아래 세상을 다시 보게 한다.

찻방은 주머니가 텅 비어있어도 출입이 자유롭다. 누구나 들어가 셀프로 차를 우려 마실 수 있다. 차와 뜨거운 둘은 길손을 위한 배려다. 티백에 더 익숙한 사람이라면 스스로 다기를 만지작거리며 차를 우리는 일도 소소한 재미로 다가온다. 탁자마다 다기를 다루고 차 우리는 법이 자세히 설명된 안내서가 비치되어 있어 처음 다기를 만져본대도 당황할 일은 없다. 다만 주말에는 사람이 많아 자리 잡기가 쉽지 않다. 되도록 평일에, 그것도 살짝 비가 뿌리는 날이라면 북적일 때나 맑은 날일 때보다 깊은 운치를 느낄 수 있다. 아스라이 긴 안개와 뭉실뭉실 떠 있는 구름을 바라보노라면 사색이란 저절로 찾아든다.

강원도 금강산에서 발원해 화천과 춘천을 거쳐 370km를 흘러 내려온 북한강이 대덕산에서 발원해 영월과 충주를 거쳐 흘러온 남한강물과 만나는 두물머리, 기적처럼 남과 북이 만나고 멀고 먼 너와 내가 만나듯 그렇게 물은 만나고 다시 흐르고 또 갈라지고 다시 만나서 흐른다.

## 애정의 침묵, 그 묵언의 세계를 거닐다

수종사는 원래 묵언默言의 장소다. 세상살이와
는 달리 되도록 말을 아껴볼 수 있는 장소다. 담
담한 침묵의 세계를 나홀로, 혹은 누군가 애정
이 깃든 사람과 함께 걷는다는 것은 결코 가볍
지 않은 행복이다. 그 행복은 누구나 가질 수 있
지만 그렇다고 누구에게나 거저 주어지는 것은
아니다. 작은 침묵만으로도 충만함을 느낄 수
있는 예민한 감수성을 간직한 사람들에게만 그
혜택은 주어진다.

돈이나 시간을 아끼라는 말은 흔해도 요즘 세상에서는 어쩐지 말을 아끼라는 소리
는 드물다. 말을 아끼면 '속을 모르겠다'거나 '표현이 서툰' 사람으로 치부당하기도 한
다. 절 입구에 버젓이 묵언이라고 씌어 있지만 지키는 이는 드물다. 누군가의 목소리
도 충분히 소음공해가 될 수 있다는 사실이 더 극명해지는 순간이다.

수종사의 고요한 매력에 우아함을 더하는 건 500년 된 은행나무다. 수종사 뒤로 다
시 산길이 시작되는 곳에 우뚝 선 은행나무가 남한강을 배경으로 고요히 서 있다. 눈가
의 주름살로 세월을 말하는 인간에게 세월이란 이렇게 먹는 것이다 라고 조곤히 이야
기해 주는 듯 하다.

오래된 나무가 거쳐 온 세월이란 비바람의 풍파만은 아닐 것이다. 한여름의 무성함,
가을의 쓸쓸함이나 겨울의 성숙만도 아닐 테다. 자연에 순응하고 사람과 부대끼며 변
하는 세상을 넌지시 바라보며 흘렀을 500년, 오래된 은행나무에게도 언어가 있다면

한 번쯤 그 귀한 이야기를 전해 듣고 싶다.

## 산중 소나기

갑자기 소나기가 쏟아진다. 한여름도 아닌데 예고 없는 소나기다. 그래도 숲에서는 나무들의 무성한 잎들 덕분에 어느 정도 비를 피할 수 있겠다 싶었지만 왕성하게 내리꽂는 빗줄기에는 당해낼 재간이 없다. 간신히 정자를 찾아 숨어들었다.

그렇지만 산에서 소나기를 만나는 것이 불운은 아니다. 비 온 뒤의 숲은 맑은 날의 숲과는 또 다른 세계를 펼친다. 나무와 풀들은 진한 향기와 색깔을 내뿜고 서늘한 공기는 촉촉하게 피부에 스민다. 공기마저 초록으로 물든다. 비온 뒤의 상쾌하고 싱그러운 숲을 맛본 사람이라면 산행 중 갑자기 쏟아지는 소나기를 만나도 흐뭇하다. 등산화와 방수재킷만 갖춰 입었다면 숲속의 소나기를 은근히 즐기게 된다.

수종사에서 운길산 정상까지는 다시 1.3km 정도 숲길을 걷는다. 등산로 입구부터 수종사까지는 한참 오르막이었지만 수종사부터는 비교적 덜 가파르고 아기자기한 길이다. 어느새 절상봉522m을 지나 운길산 정상에 닿는다.

운길산 정상에 다다르면 능선은 적갑산을 거쳐 예봉산까지 이어진다. 연봉을 이루고 있는 운길산610m과 적갑산561m, 예봉산683m은 능선을 따라 자연스럽게 하나로 연결된다. 산의 이름은 각각 다르게 붙어있지만 봉우리가 여러 개인 하나의 산처럼 능선은 꼬리를 문다. 산 끝에 또 다른 산이 중첩된다. 웬만해서 능선은 끝나지 않는다. 백두대간만 첩첩이 이어지는 것은 아니다. 야트막한 산들도 그 나름대로 어깨를 나란히 잇는다.

예봉산은 견우와 직녀가 1년에 한 번 만나던 곳이란 전설을 가지고 있다. 또 적갑산은 운길산과 예봉산을 이어주는 다리역할을 한다. 한강, 북한강, 남한강이 만나는 곳을 감싸고 돈다.

운길산에서 새재고개를 지나 적갑산까지 능선타고 가는 길은 짧지 않지만 산쟁이들은 흔히 예봉산까지 훑고 돌아오는 코스를 택한다. 운길산에서 예봉산까지는 6km는 더 가야한다. 산길 6km는 만만한 거리가 아니다. 이정표에는 2시간 40분이면 닿는다고 씌어있지만 그건 산다람쥐가 다 된 사람들 이야기다. 쉬엄쉬엄 가면서도 툭하면 쉬는 느림보산행이라면 족히 4시간은 걸릴 터다.

소나기도 맞았겠다, 더는 욕심을 부리지 않고 내려가기로 한다. 산에 다니는 많은 사람들이 산길을 걸으면서도 덧없는 욕심을 내곤 하는 모습을 많이 봐왔다. 누가 시킨 것도 아니고 꼭 해내야 할 과제도 아닌데 산에 오르면서도 사람들은 곧잘 무언가를 이루고 싶어한다. 어디까지는 꼭 가야지, 이 시간까지는 정상에 올라야지, 하는 것들이다. 꼭 어느 만큼 도달하지 않더라도 한 걸음, 두 걸음 걸으면서 이미 오늘의 산행 목적은 달성되고도 남았다.

| 가는 법 | 중앙선 운길산역 2번 출구 |
| --- | --- |
| | 식당 앞의 표지판에서 직진하면 도로를 따라 수종사로 올라가는 |
| | 길이고 왼쪽으로 꺾어 작은 길로 들어서면 산길로 접어든다. |
| | 수종사 일주문까지는 도로를 따라 차를 타고 올라갈 수도, 산길 |
| | 을 따라 걸어갈 수도 있지만 아스팔트길보다는 산길을 따라 걸 |
| | 어 올라가는 것이 운치 있다. |
| 루트 | 운길산역–수종사–절상봉–운길산 정상–세정사–조곡–진중리– |
| | 운길산역 |
| 소요시간 | 2~3시간 |
| 연계산행 | 예봉산, 적갑산 |
| 기타루트 | 종주코스 : 팔당역–팔당2리마을회관–전망대–예봉산정상–철문 |
| | 봉–물푸레나무군락지–적갑산 정상–새재고개–운길 |
| | 산 정상–수종사–운길산역 |
| | 운길산코스 : 송촌리–이덕형별서–수종사–헬기장–운길산 정상 |
| | 예봉산코스 : 운길산역–마진마을–율리봉–예봉산 정상 |

13개 코스, 총 길이 169.3km의 남양주 다산길은 북한강, 팔당호, 광릉수목원 등 남양주의 빼어난 자연을 굽이굽이 아우르는 걷기 코스다. 마을과 마을을 잇는 옛길, 강변길, 철길, 숲길 등 각각 특색 있는 길은 카페와 갤러리, 정약용 선생 유적지 등을 거치게 되어 있어 더 매력적이다. 특히 한강나루길, 다산길, 새소리명당길 등 그림 같은 경치로 유명하다.

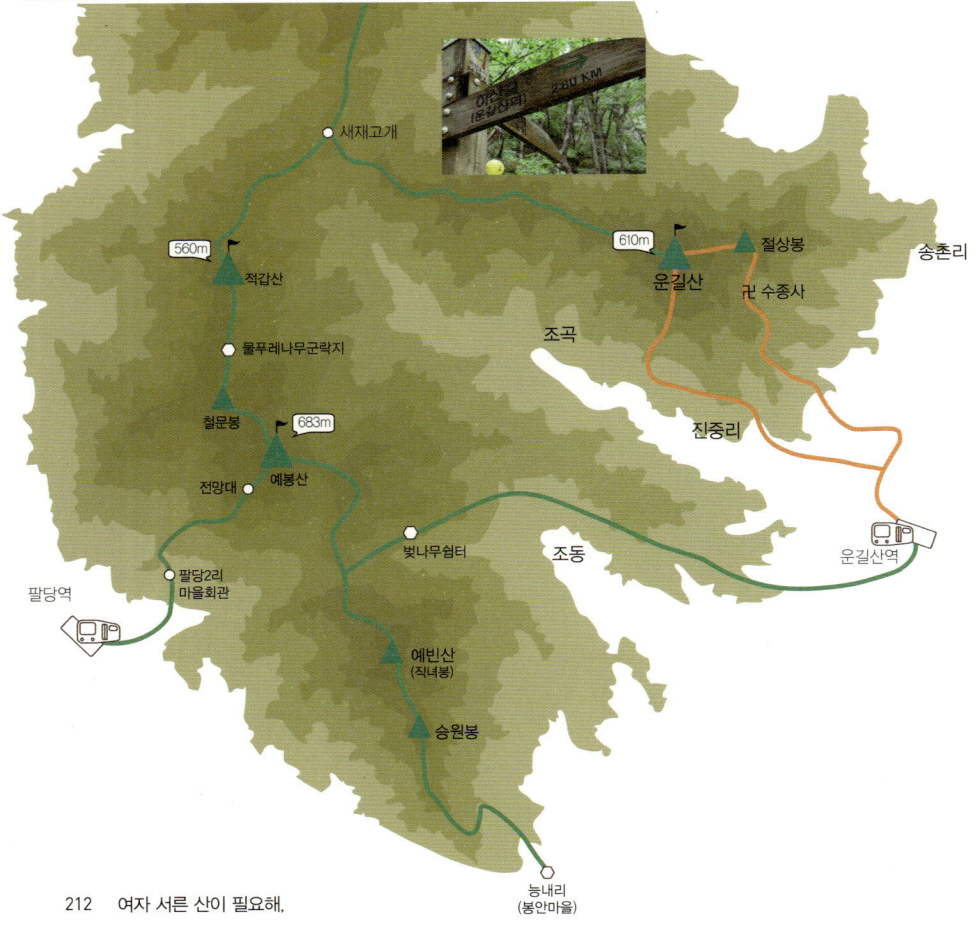

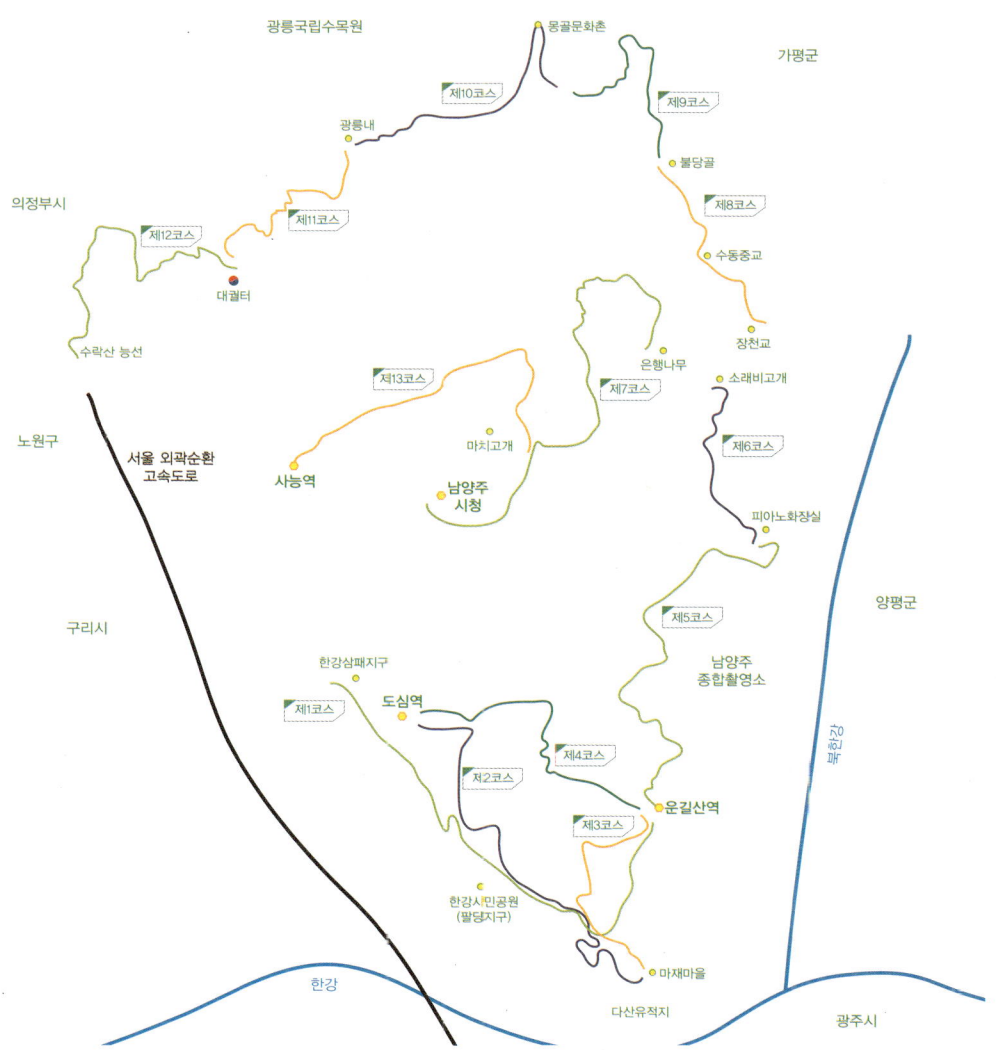

호명산
삼악산
수리산
광교산
문수산

## 제 5 장

# 경춘선 열차, 혹은 경기권 소도시

♬ 조금은 지쳐있었나봐, 쫓기는 듯한 내 생활
아무 계획도 없이 무작정 몸을 부디어보며
힘들게 올라탄 기차는, 어딘고 하니 춘천행
지난 일이 생각나 차라리 혼자도 좋겠네 ♬

청춘을 가득 태웠던 춘천행 기차는 사라졌다. 얼마 전부터는 그 자리를 깔끔하게 단장된 복선전철이 대신
하고 있지만 경춘선에 대한 낭만까지 영 사라져 버린 건 아니다. 경춘선에 몸을 태운 것만으로도 마음은 이
미 설렌다. 대성리도 강촌도 청평도 춘천도 10년, 15년 전과는 다를 테지만 그 시절 그 곳에 있었던 마음
은 여태 아련하기만 하다. 춘천선을 탈 때마다 추억은 슬며시 다시 들추어내진다. 굳이 무언가를 기억하
려 애쓰지 않아도 창밖으로 스치는 역의 이름들이 기억을 불러낸다. 흥건하게 술판 벌어졌던 MT 대신 오
늘은 잔잔하게 산에 오른다.

원시림의 야생미, 잣나무 숲길의 운치

# 호명산 <sup>632m</sup>

　본격적으로 산에 오르기 전, 유원지입구에서 라면 한 그릇을 먹는다. 양은냄비에 끓여 나오는 라면을 여럿이 다퉈가며 게 눈 감추듯 먹고 돌아서니 절로 올라갈 힘이 생긴다. 산자락에서 먹는 라면은 꿀맛이다.

　호명산 등산루트는 간단하다. 외길이다. 가평올레길 6-1코스와도 겹친다. 길을 잃을 염려는 거의 없다. 청평역에서 시작해 호명산 정상과 호명호수를 거쳐 상천역으로 내려오는 12km의 짧지 않은 코스다. 혹은 가평올레길을 따라 가평역 방향으로 걷거나 숯둘봉을 거쳐 쁘띠프랑스 쪽으로 내려가도 된다. 코스는 심플하지만 길은 다채롭다.

## 산의 이야기를 들으며

호명산 정상까지는 꽤 힘든 경사가 이어진다. 2.7km의 산길은 결코 가볍지 않은 몸집을 보여주며 오르고 또 오르게 한다. 한낮, 여름 산행에 어느새 온몸은 땀으로 범벅이 된다. 그래도 부드러운 흙길은 발길의 위안이다. 바람이라도 한번 불어주면 덤처럼 고맙다. 오르고 쉬고 오르고 쉬면서 그 산을 오른다. 그저 힘들게만 느껴지던 오름도 자주 하다보니 오름에서 느껴지는 쾌감을 즐길 수 있게 된다.

정상에서 2/3쯤 오르면 쉬어가기 좋은 전망대가 나타난다. 많은 산행객들이 쉬어가는 듯 의자도 여럿 놓여있다. 여럿 고인 우리는 모처럼 엠티라도 온 듯 들뜬 기분에 각자 싸온 과일이며 오이, 얼린 막걸리, 계란, 초콜릿 등을 자랑스럽게 꺼내 놓는다. 산에서는 이런 장면의 무한반복이다. 도돌이표를 붙여 놓은 듯, 오르고 쉬고 먹고 내리는 과정의 연속이다. 일상처럼 똑같이 반복되는 움직임 속에서도 행복을 느낀다. 그 속에서 매번 산이 보내는 언어는 다르고 오르는 사람의 감정도 다르다.

　오르고 올라 도착한 해발 632m의 호명산 정상. 헬기장을 겸한 호명산 정상부는 휑하다. 정상을 목표로 두었다면 허무할 테다. 오르는 길이 고통스러웠다면 더 그럴 것이다. 정상에 아무것 없더라도 충만한 산행을 하려면 오르는 길을 즐겨야 한다. 앞만 보지 말고 옆도 보고 위도 보고 주위 사람들과 이야기도 하면서 즐겁게 오르면 정상이 휑해도 허무할 일이 없다. 정상에 의미를 두지 않기 때문이다.

　호명산 정상부터 호명호수까지는 능선을 타고 간다. 정상에서 호수까지는 약 3km의 능선 길로 바윗길과 오목하게 포근한 숲길을 번갈아 오르내리며 울창한 숲을 느낀다. 다양한 모습의 숲을 관통하며 산행의 재미를 느낀다. 여름에도 숲은 시원하다. 기온과 습도는 높아도 숲은 자연의 공기정화로 공기를 선선하게 걸러낸다. 산 위의 호수란 어떤 것일까 호명호수를 기대하는 마음도 능선을 걷는 몸을 가볍게 한다.

　걷다보면 시나브로 호수에 닿는다. 정작 호명호수는 별 볼일 없는 인공호수로 실망스러

운 모습이었지만 그 위에 뜬 뭉게구름만은 의외의 기쁨을 안겨주었다. 자연의 모습이란 늘 기대 이상이건만 사람이 만들어 놓은 구조물이란 기대 이하일 때가 많다.

　호수 옆 잔디에 돗자리를 깔고 드러누웠다. 뭉게뭉게 무리를 지어 흘러가는 뭉게구름을 마주 바라보며 비로소 산행의 결정판인 '쉼'을 맛본다. 콧노래도 부른다. 하늘은 가짜처럼 푸르고 구름도 동화처럼 피었다. 사람이 만든 호수보다 더 좋은 건 자연이 만든 구름이다. 구름 하나에 같이 간 일행은 하나같이 나이를 잊었다.

## 잣나무 숲길, 그 비밀의 정원

　오르는 동안 체력이 다했다면 큰 길이 나 있는 호명호수에서 청평터미널이나 가평터미널까지 셔틀버스를 타고 내려가도 된다. 하지만 호수에서 상천역에 이르는 등산로는 이번 산행의 절정이라 할 만하다. 호랑이 울음소리가 들리는 산이라는 뜻의 호명산, 호명호수에서 상천역으로 내려가는 길은 원시림에 가까울 정도로 거침없는 숲이다. 나무마다 넝쿨이

엉기어 있어 자연 본래의 기운이 흐르고 다듬지 않은 숲에는 야생미가 넘친다. 옆으로 흐르는 계곡 역시 억지스런 보탬이 없는 자연의 모습 그대로다.

울창한 숲을 지나고 산행이 막바지로 접어들고 있음을 예감할 즈음 난데없이 아름드리 잣나무 숲이 펼쳐진다. 500m가 넘는 길 전체가 잣나무 천지다. 가평하면 잣이라더니 지역의 명품을 그대로 선보인다. 오후의 햇살이 대부분 지고 엷은 볕이 아직 남아있는 잣나무 숲은 한 편의 꿈처럼 아련하다. 국내 산 어디에서도 보지 못했던 장관이다. 이병우 작가의 소나무 사진들이 생각나는 그림 같은 장소다. 사람이 없으니 더 호젓하다.

오대산 월정사로 가는 전나무 숲길처럼, 혹은 담양의 메타쉐콰이어 숲길이나 남이섬의 은행나무길처럼, 아니 그보다 더 멋스럽다. 실은 아무에게도 알려주지 않고 혼자만 알고 싶은 장소다. 사람의 발길과 손길이 많이 탄 명소에서 느끼는 감동보다 숨겨져 있던 멋진 장소를 홀로 발견했을 때의 감동이 더 짙다. 그 짙은 감동을 다시 맛보기 위해, 좋은 사람들을 데려와 자랑하기 위해 살짝 묻어두고 싶은 길이다.

잣나무 숲길을 빠져나와 평화로운 시골길을 지나면 이내 상천역이다. 이 근사한 잣나무숲 덕분에 다시 경춘선 열차를 탈 때는 아마도 서울 사람들은 잘 내리지 않는 상천역에 발을 내리게 될 것 같다.

| 가는 법 | 경춘선 청평역 2번 출구 |
|---|---|
| | 청평역에서 유원지를 통과해 징검다리를 건너면 호명산 들머리가 나온다. |
| 루트 | 청평역-징검다리-약수터-전망대-호경산 정상- 기차봉-호명호수-잣나무숲길-상천역 |
| 소요시간 | 5~6시간 |
| 연계산행 | 주발봉 |
| 기타루트 | 청평역-약수터-전망대-호명산 정상-호명호수- 장지터봉-숯돌봉-쁘띠프랑스 |

**'춘천가는 기차' 대신 'ITX 청춘열차'**

경춘복선전철화 사업과 함께 가통된 서울-춘천간 준고속 열차다. 2층 열차로 깔끔하고 세련된 모습이다. 경춘선의 옛 추억과 정취를 찾기는 어렵게 됐지만 경춘선만큼은 전철 보다 열차를 고집하고 싶은 사람이라면 타볼만하다.

열차시간: 용산발 춘천행 06:00~22:00
(한 시간에 한 대, 매 시 정각)
*시간에 따라 남춘천역으로 바로 향하는 직행열차도 있다
운임: 용산-춘천 9800원, 상봉-청평 4100원

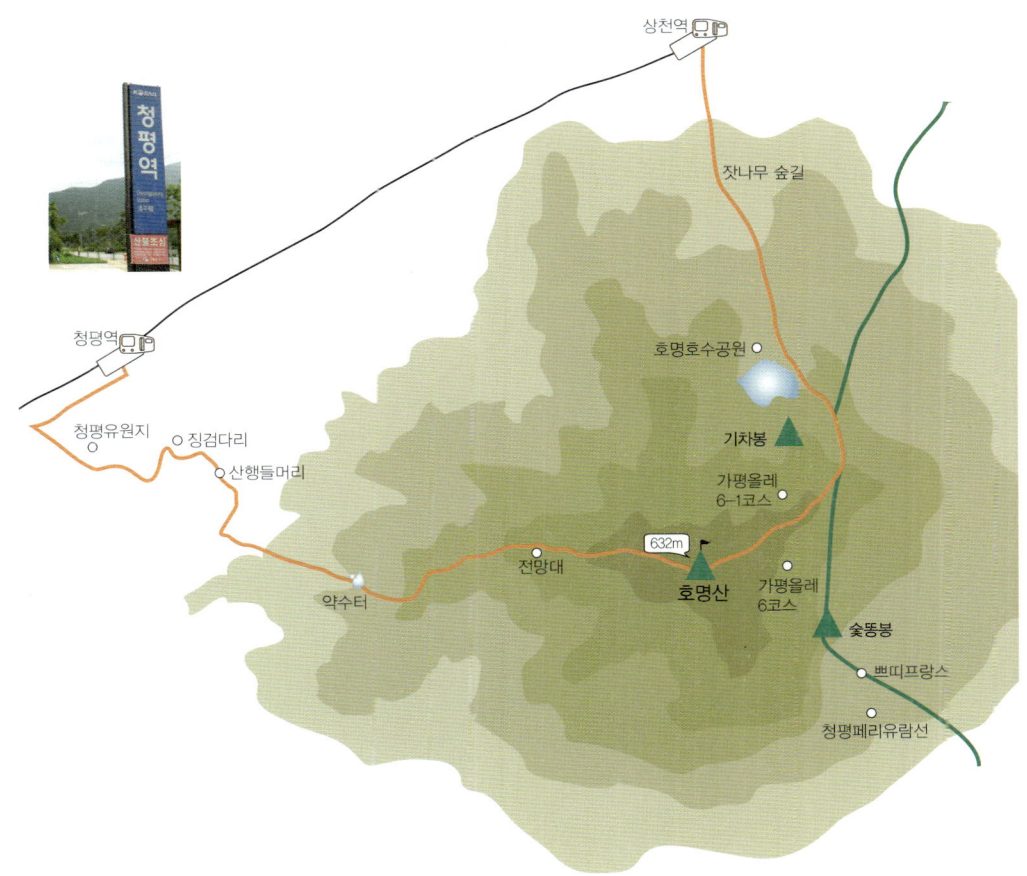

## 가평올레길

가평올레길은 남이섬, 자라섬, 청평호, 호명산 등 볼거리 많은 가평군을 한 바퀴 휘도는 걷기코스다. 주 코스 6개에 부속코스 4개로 총 10개 코스, 128km이다. 등산로, 수목원, 농·산촌 마을길, 시가지길, 섬길, 하천길 등을 두루 포함하는 다채로운 코스로 구성되어 있어 다양한 걷기를 체험할 수 있다.

| | |
|---|---|
| **1코스** | 가평신역사–자라섬 이화원–재즈축제장–씽씽겨울축제장 (5km, 1시간 30분) |
| **2코스** | 씽씽겨울축제장–가평천 제방로–사격장–연인산도립공원 주차장 (6km, 2시간) |
| **2-1코스** | 승안리–용추구곡–장수고개–백둔리 자연학교 (15km, 5시간) |
| **2-2코스** | 가평교–염광촌–목동초교–버스종점 (10km, 3시간) |
| **3코스** | 연인산도립공원 주차장–서낭당고개–용추계곡–국수당 (16km, 7시간) |
| **3-1코스** | 경반리마을회관–칼봉산휴양림–수락폭포–우정고개–마일리 (15km, 7시간) |
| **4코스** | 행현리–대보리–작은예수회–국수당 (12km, 4시간) |
| **5코스** | 풍림콘도–가평수련원–아침고요푸른마을–행현리(잣마을) (12km, 4시간) |
| **6코스** | 청평역–호명산–호명호수–주발봉–금대리–이화리–가평신역사 (17km, 7시간) |
| **6-1코스** | 청평역–호명산–농촌테마공원–상천역 (12km, 4시간) |

우락부락, 거친 남자의 패기

# 삼악산 656m

삼악산은 아직 철들지 않아 치기어린, 우락부락한 남자 같은 산이다. 다듬어지지 않은 거친 바위들이 온 산을 뒤덮고 있다. 삼악산은 해발 654m로 그리 높지 않으나 처음 삼악산을 찾은 이라면 누구라도 그 호기로운 바위절벽의 기세에 놀라게 될 것이다.

## 세월이 비끼고 시절은 갔어도

기다리던 봄이 왔으니 무거운 외투일랑 벗어던지고 춘천행 열차를 타볼까. 춘천행

완행열차는 추억 속으로 영영 사라져버렸지만 춘천행 열차에 대한 로망은 여전하다 불편하고 보잘것없지만 인정과 따뜻함이 묻어나던 옛것들 대신 편하고 세련됐지만 차갑고 삭막한 현대의 것들이 그 자리를 차지했어도 추억마저 앗아가지는 못했다. 달 걀에 사이다, 기타를 튕기던 시절까지는 아니었어도 맥주에 오징어 다리를 씹으며 왁 자지껄 MT를 가던 기억은 이제 아련함으로만 남아있다.

지하철 7호선 상봉역에서 춘천행 전철을 기다리면서, 더 이상 넷이 마주보거나 둘 이 나란할 수 있는 열차가 아닌 무심한 얼굴들이 일렬로 늘어선 전철의 좌석은 어쩐지 춘천행 열차라는 이유로 더더욱 어색하기만 하다.

치기어린 대학생들의 무리 대신 형형색색의 등산복으로 무장한 삼삼오오 중년의 등산객들이 플랫폼을 차지하고 섰다. 그 사이로 새초롬 부끄러운 듯, 이도저도 아닌 어색한 위치에 서 있는 30대 중반의 두 여자가 있다. 출근 지하철을 타듯 만원전철에 올라타자 열차는 철길에 미끄러지듯 내달린다. 그제야 약간의 해방감이 찾아들었다.

## 기암절벽, 맑은 물

강촌역에서 삼악산 입구로 가려면 강촌역 앞에서 버스를 타거나 강촌유원지를 지 나 구 강촌역 앞의 다리를 건너 강변길을 걸어가도 된다. 강 따라 걷는 길도 운치 있으 니 급할 일 없다면 걷기를 권하고 싶다. 강촌역부터 등선폭포매표소까지는 다소 멀게 느껴지지만 막상 강을 따라 걷다보면 추억에 취해, 풍경에 취해 길지 않은 거리다. 강 촌교만 건너서 바로 등선봉으로 오르는 코스도 있지만 다소 위험한 능선을 타고 가야 하기 때문에 힘든 코스로 꼽힌다. 특히 겨울이나 우기에는 더 조심해야 할 구간이다.

가장 걷기 좋은 코스를 골라 산행을 하는 콘셉트에 맞게 등선폭포 매표소부터 산행을 시작한다. 등선폭포 쪽 입구에 닿으면 좁은 식당가가 먼저 등산객의 눈도장을 찍는다. 산행 후 전화 한 통이면 픽업서비스를 해 준다는 집도 있으니 어디로 내려와도 일단 하산 후의 일정은 안심이다.

매표소를 지나자마자 만나게 되는 등선폭포와 기암절벽은 한 폭의 그림이요, 예술이다. 나도 모르게 외마디 함성이 터진다. 흔히 보던 반들반들한 암석이 아니다. 거친 나뭇결처럼 울퉁불퉁한 것이 한국의 산에서는 보기 드문 절경이다. 삼악산은 주변의 암석과 폭포를 격려하며 야생의 미를 마음껏 발산하고 있다.

오솔길 양쪽으로 우뚝 솟은 절벽바위를 지나면 이전과는 전혀 다른 신서계로 진입하는 듯한 착각이 인다. 다분히 이국적이다. 대체로 부드러운 곡선을 그리는 낮은 산들을 위주로 산행을 해 오다가 암벽을 만나니 눈이 휘둥그레진다.

휘둥그레진 눈은 맑디맑은 폭포와 계곡을 만나 더 동그랗게 커진다. 겨울의 삼악산 맑은 물은 비교할 대상조차 잃는다. 그토록 투명하고 맑은 물을 본 일이 드물다. 약수터도 아닌데 옛 사람들이 그랬던 것처럼 물 한 모금 떠 입에 넣는다. 아무런 거리낌을 못 느낄 정도로 물은 맑고 또 달다. 간만에 서울을 벗어난 보람마저 느낀다.

삼악산은 여타 한국의 산들과는 달리 거친 대륙에 우뚝 솟은 우람한 중국의 바위산과도 닮은꼴이다. 삼악산의 이름에도 '악'자가 붙었으니 바위가 많을 것은 짐작 가능하다.

그렇다고 너무 겁먹을 필요는 없다. 등선폭포를 지나 오르는 길은 한 시간 반가량으로 길지 않다. 천천히 올라도 2시간이면 족하다. 길은 나무계단과 돌계단으로 잘 정비되어 있어 숨이 약간 차는 정도다.

내내 계단만 오르기가 지겨워져서 나무기둥도 만져보고 풀도 더듬어 본다. 문득 아직 찬서리 가시지 않은 겨울의 끝에서 애써 견뎌온 나무를 껴안아 본다. 껴안은 나무에 왠지 모를 따스한 기운이 서려있다. 나무 역시 한시도 쉬지 않고 제 생명을 굳건히 지키고 있다.

### 내림은 오름 뒤의 수순

정상 방향으로 오르다보면 흥국사를 만난다. 하얀 개 두 마리가 흥국사 앞을 지키고 섰다. 개들은 무심한 표정이면서도 오가는 등산객들에게서 눈을 떼지 않는다. 순하디 순한 눈빛을 하고는 제 딴에는 절을 지키고 있는 모양이다.

흥국사에서 30~40분만 더 오르면 삼악산 정상이다. 정상에서 보는 의암호는 담대하게 펼쳐져 있다. 호수에 뜬 붕어섬도 보인다. 바위에 걸터앉아 호수를 내려다보며 점심을 먹어도 좋겠다.

내리는 길은 어쩐지 예사롭지 않다. 바위가 살아 움직이는 양, 두 발의 내딤을 힘들게 한다. 사람 살아가는 일이란 오르는 길보다는 내리는 길이 더 어려운 법이라는 것을 인생 좀 살아본 사람과 산 좀 올라봤다는 사람은 알 테다. 바위를 넘고 넘어 내려도 고도는 쉽게 내려앉지 않고 한참 내려왔나 싶다가도 갈 길은 아직 멀다.

이렇게 먼 하산길이 아닌데 하고 보니 길을

잘못 들었다. 바위를 넘나들다보니 하산길을 지나친 듯 하다. 조금 돌아가더라도 내려가는 것은 어차피 오름 뒤의 수순이다. 소설가 김훈 선생의 말처럼 오르막과 내리막은 늘 비길 수밖에 없다. 그래서 돌아가더라도 걱정하지 않는다. 어쨌든 결국엔 평지를 만난다.

철계단을 내려 상원사, 다시 의암댐머표소까지가 한 시간여의 하산길이다. 빠른 걸음이라면 왕복 2시간에도 오르고 내렸을 산을 몇 시간에 걸쳐 여유자작 오르고 내렸다. 바위가 걸음을 느리게 했고 정상의 풍경이 발목을 잡았다. 덕분에 의암호를 실컷 바라봤고 나무와 계곡도 원없이 즐겼다.

| 가는 법 | 경춘선 강촌역 1번 출구 |
| --- | --- |
| | 신강촌역에서 구강촌역을 지나 강촌교를 건너 이정표를 따라 |
| | 강변길을 30분 정도 가다보면 등선폭포 매표소가 있다. |
| 루트 | 강촌교–등선폭포 매표소–등선폭포·선녀탕–흥국사–삼악산 정 |
| | 상–철계단–상원사–의암댐 매표소(입장료:어른 1600원) |
| 소요시간 | 3~4시간 |
| 연계산행 | 등선봉, 계관산, 북배산 |
| 기타루트 | 의암댐 매표소–상원사–정상–546봉–궁궐터–등선봉–강촌교 |
| | (5.8km) |

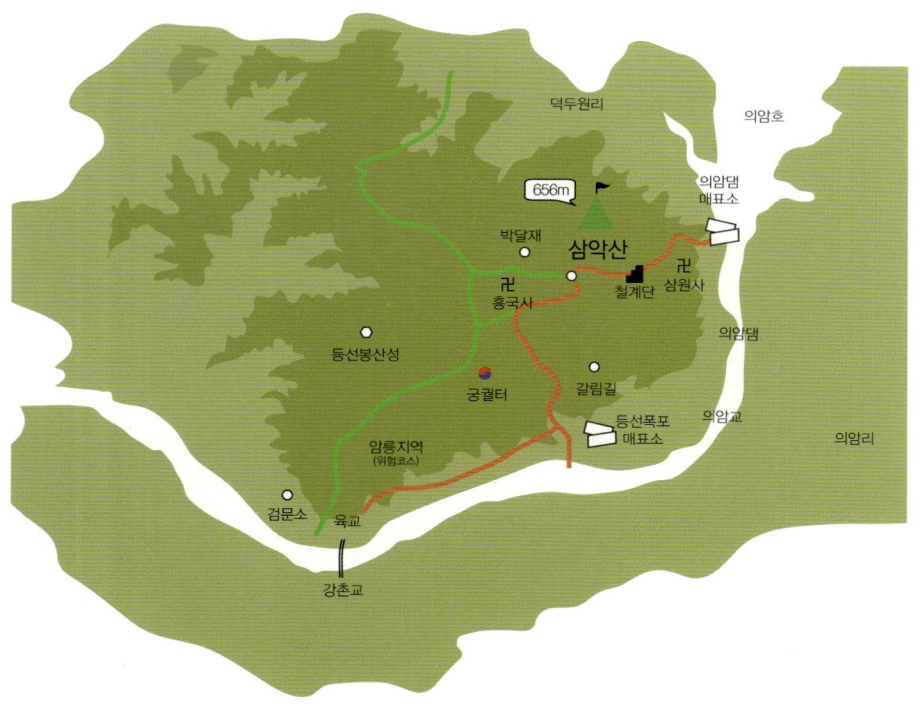

철쭉만발, 초록만발, 풍성한 봄의 숲길

# 수리산 <sup>489m</sup>

수리산 아랫자락에는 철쭉이 만발이다. 철쭉으로 도배를 한 철쭉동산에서는 매년 5월 초마다 철쭉 축제를 연다. 그 속에서 빨강, 분홍, 하양 철쭉들이 한데 엉켜 꽃놀이를 한다.

### 만발한 꽃보다 설익은 초록

수리산에 한 번 다녀간 사람이라면 누구라도 그 매력

에 빠지지 않을 수 없다. 처음엔 그 산의 울창함
이 놀랍고 다음엔 그 길의 아기자기함이 사랑스
럽다. 큰 오름 없이 울창한 나무들 사이로 뻗은
흙길은 한없이 걷고 싶은 길이다. '여자들이 사
랑하는 산 베스트' 리스트가 있다면 단연 상위에
꼽힐만한 산이다. 대개 장쾌한 봉우리나 멋진
바위군, 시원한 전망을 산행의 묘미로 꼽는 남
자들이 뽑아놓은 한국의 명산들은 여자들에겐
힘에 부치는 산일 때가 많다. 그런 면에서 수리
산은 완벽히 여자를 위한 산이다.

　　수리산역에서 철쭉동산을 거쳐 슬기봉에 오
른다. 철쭉동산에서 슬기봉까지는 코스에 따
라 약 4~5km 거리인데 산행은 크게 힘들지 않
고 숲을 즐기기에 좋은 길이다. 어쩌면 살짝 힘
이 들었는지도 모르지만 연두와 초록의 향연
을 만끽하느라 힘든 줄도 몰랐다.

　　햇살도 연두도 작렬이다. 봄 숲에서는 여린
연두와 설 익은 초록에의 감탄이 쉼 없이 이어
진다. 꽃보다 더 예쁜 것이 봄의 연두빛 이파리
들이다. 줄기에서 갓 나온 연두의 잎은 아직 설
익어 연약하지만 그 속엔 여름의 무성한 초록

이 숨어있다. 20대의 성숙함을 준비하는 10대 소녀처럼 연두잎은 그렇게 한껏 순수하게 맑다. 기나긴 겨울의 앙상함을 견뎌온 숲으로서는 환희에 찬 감동이다. 다시는 오지 않을 것 같던 생명의 신호가 우연처럼 슬며시 깃들고 자랑스럽게 색을 발하는 순간이다. 새벽녘 움트는 태양처럼 이른 봄 움트는 새싹. 그러한 봄의 절정에 연두보다 더 어울리는 색깔이 어디 있을까. 진달래의 분홍도, 개나리의 노랑도 연두의 싱그러움에는 따라오지 못한다. 꽃보다 화려하지 않아도 꽃보다 사랑스럽다.

연두가 지나간 자리에는 초록이 꽃처럼 만발한다. 꽃보다 더 풍성하게 핀다. 초록이 꽃보다 더 어여쁠 때가 있다. 겨울에서 봄을 지나 초여름으로 넘어가는 이 시기에 그렇다. 꽃은 봄을 알리며 새초롬 피어나지만 그 때에도 숲은 아직 제 옷을 찾아 입지 못하고 앙상한 채 그대로다. 5월이 되어야 초록은 비로소 제 계절을 만난 듯 다투어 풍성해진다. 비라도 한번 내리면 콩꽃은 안타까이 떨어지지만 잎들은 제 세상을 만난다.

겨우내 산행을 하며 봄을 기다렸던 탓에 올 봄은 더 반갑고 설렌다. 신갈나무, 단풍나무, 떡갈나무 모두 초록이다. 초여름, 연초록 터널을 걷는 즐거움을 어디에 비할까.

연두의 꿈은 초록이다. 초록의 꿈은 열매다. 열매의 꿈은 씨앗이다. 씨앗의 꿈은 새순이다. 새순의 꿈은 나무다. 나무의 꿈은 숲이다. 숲의 꿈은 이 세상이다. 그리고 연두는, 초록은, 열매는, 씨앗은, 새순은, 나무는, 숲은, 이 세상은 내 꿈이기도 하다.


## 나무를 위하여

어둠이 오는 것이 왜 두렵지 않으랴
불어닥치는 비바람이 왜 무섭지 않으랴
잎들 더러 썩고 떨어지는 어둠 속에서
가지들 휘고 꺾이는 비바람 속에서
보인다 꼭 잡은 너희들 작은 손들이
손을 타고 흐르는 숨죽인 흐느낌이
어둠과 비바람까지도 삭여서
더 단단히 뿌리와 몸통을 키운다면
너희 왜 모르랴 밝은 날 어깨와 가슴에
더 많은 꽃과 열매를 달게 되리라는 걸
산바람 바닷바람보다도 짓궂은 이웃들의
비웃음과 발길질이 더 아프고 서러워
산비알과 바위너설에서 목 움츠린 나무들아
다시 고개 들고 절로 터져나올 잎과 꽃으로
숲과 들판에 떼지어 설 나무들아


－신경림

## 머물고 싶은 산, 살고 싶은 동네

수리산은 한남정맥의 맥을 통과한다. 한남정맥은 한반도에 분포해 있는 13개의 정맥 중 하나로 충북 속리산에서 시작해 안성 칠장산을 거쳐 수원의 광교산과 안양 수리산을 지나 김포 문수산에 이르는 산줄기다. 산의 형세가 비상하는 독수리의 형상을 하고 있다고 해서 수리산이 됐다고 전한다.

슬기봉으로 다가갈수록 전망은 화려해진다. 슬기정에서 한 숨 쉬고 긴 나무데크계단을 오르면 슬기봉 정상에 선다. 야트막한 산들 사이로 아파트 일색인 풍경은 쓸쓸하지만 아파트 안에서 살다가 산으로 나온 마음은 탁 트인다.

얼음 같은 맥주 한 캔을 산다. 모르는 사람들은, 그리고 등산책에는 산 위에서의 음주가 위험하다 말하지만 정상에 올랐을 때 마시는 한 모금의 맥주나 막걸리가 주는 쾌감을 몰라서 하는 얘기다. 지나던 아저씨가 막걸리 한 잔만큼 산행에 활력을 주는 것은 없다며 한 술 거든다. 사람의 건강은 과학으로

만 증명되지 않는 법이다. 술 못하는 친구를 옆에 앉혀두고 혼자만 홀짝거리는 것이 내심 서운하긴 하지만 혼자서라도 포기할 수 없는 즐거움을 누린다.

슬기봉에서 주봉인 태을봉까지는 2km 남짓이다. 길은 조금 험난하다. 바윗길을 넘어간다. 그래도 수리산의 오르내림은 힘들다기보다는 산행의 재미를 느끼게 하는 정도다. 머지않아 정상인 태을봉에 도착한다. 정상의 경관 역시 오밀조밀한 아파트 세상이다. 서울보다 더 단조로운 아파트촌이다. 한국의 산업발달과 시대를 같이 했던 안산과 안양, 군포 등에는 계획된 신도시가 많아 더 그렇다.

태을봉에서 조금만 걸어내려가면 제 2전망대가 나온다. 한가롭기 그지없는 정자다. 사람도 적고 수리산의 능선이 바라다보이는 정자는 조용히 쉬어가기에 좋은 위치다. 높은 곳에서 내려다보는 전망이 아니라 능선사이로 오목하게 들어간 수리산 능선을 같은 높이에서 마주보고 있다. 정상인 태을봉보다 더 추천하고 싶은 장소다. 동네 슈퍼 가듯 편한 복장으로 마실 나온 젊은 커플이 데이트를 즐기고 있을 만큼 오가기도

편한 위치다.

제2전망대에서 삼림욕로를 거쳐 다시 제1전망대로, 그리고 병목안 시민공원으로 내려간다. 이 길은 삼림욕로라 붙은 그 이름만큼 아늑하고 아랫동네에서도 손쉽게 오르내릴 수 있는 길이다. 산 밑자락으로 산부추니 둥글레 등을 심어놓은 아기자기한 자연학습장이 있고 나무그늘 밑엔 야외무대도 있다. 굳이 등산을 마음먹지 않더라도 이 동네 주민들의 단골 산책길로 사랑받는 길일 성 싶다. 쉬엄쉬엄 걸어 삼림욕로를 내려오며 문득 이 아랫동네에 살고 싶어진다.

석탑을 지나 병목안 시민공원으로 들어서면서 산행은 끝나지만 시민공원에서 남은 산행의 여운을 즐길 수 있다. 넓은 잔디와 폭포수는 인근 아파트 주민들의 황금 같은 놀이터다. 아이들은 잔디위에 뛰어놀고 어른들은 누워서 오수를 즐기는 그림 같은 풍경의 한 자락이다.

| 가는 법 | 지하철 4호선 수리산역 3번 출구, 산본역 4번 출구 |
| | 가야아파트 안길로 가다보면 수리산으로 올라하는 진입로가 있다. 혹은 산본역에서 철쭉동산을 거쳐 등산로로 진입해도 된다. |
| 루트 | 철쭉동산−쑥고개−슬기봉−전망대−칼바위−박쥐능선−수리산 정상(태을봉)−제2전망대−석탑−병목안시민공원 |
| 소요시간 | 4∼5시간 |
| 연계산행 | 태양산, 수암봉 |
| 기타루트 | ① 1호선 명학역−안양상고−관모봉−수리산 정상(태을봉)−슬기봉−대야미갈림길−대야미역 |
| | ② 수리산산림욕장−제3코스 입구−한마음등산로−태을봉−관모능선−노랑바위−제4코스 입구 |

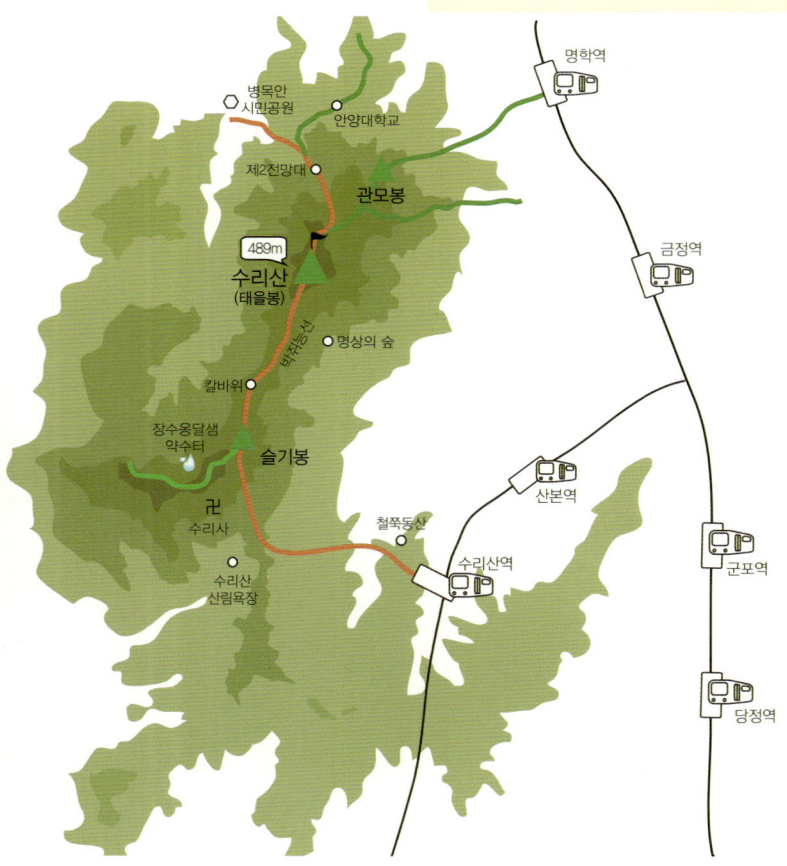

쉼 없는 오르막, 마음 근육 키우기

# 광교산 582m

북한산이 서울을 아우르고 있는 것처럼, 광교산은 수원 시가지를 안고 있는 수원의 대표적인 산이다. 남서쪽으로 수원시, 북서쪽으로 의왕시, 북동쪽으로 성남시, 남동쪽으로 용인시와 그 경계를 두고 있다. 산은 그렇게 사방으로 뻗어 인근에 사는 사람들을 품어준다. 겨울에는 북쪽에서 불어오는 찬바람을 막아줘 수원을 따뜻하게 하고 시내와도 가까워 수원시민에게는 언제든 부담 없이 오를 수 있는 산이다. 수원천의 발원지이기도 한 광교산은 크고 넓은 그 몸뚱아리로 사람 사는 세상을 속 넓게 아우른다.

## 두려움 버리기 연습, 두 발로 무심히 오르기

광교산 등산은 가파른 계단으로 시작한다. 등산로 초입부터 경사가 급한 오르막 앞에서는 가벼운 준비운동이 필수다. 준비운동은 지난 며칠간 대부분의 시간을 딱딱한 의자에 의지한 채 일상을 보내 굳어진 몸에 앞으로의 산행을 예고하는 작은 의식이다.

초입에서 3km에 이르는 형제봉448m까지는 꼼수 없이 내내 오르는 길이다. 차근차근 오르다 보면 몸은 금세 데워진다. 겨울의 끝자락에 여직 오리털 파카를 두른 채 움츠렸던 몸도 기지개를 켜고 한겹한겹 두꺼운 옷들을 벗어낸다.

광교산은 육산이다. 흙으로 단단하게 다져진 길이다. 단단하게 흙을 밟으며 오르는 동안 그 길을 오르는 사람 몸도 단단해진다. 한해 한해 갈수록 아래로 아래로 처져가던 살도 찹쌀떡처럼 몸에 바짝 당겨 붙는 느낌이다. 탱글탱글 튼실한 근육들이 온 몸 구석구석에 제 자리를 잡는다. 끊임없이 오르는 길, 한 걸음 한 걸음에 단련되는 것은 다리근육만은 아니다. 나약한 마음에도 켜켜이 근육이 붙는다.

"마음은 두려움으로 가득 차 있어도 다리는 아랑곳 않고 제 갈 길을 가는 거지, 두려워하는 그 마음은 거기 그냥 내버려두고 다리는 계속 앞으로 걸어가는 거야."

친구가 건넨 명언 같은 한 다디다. 두려움과 다리를 따로 분리시켜 보라는 이 만화 같은 생각이 산에서는 곧잘 아무렇지도 않게 실현되곤 한다.

머리는 복잡하고 가슴은 두렵더라도 다리는 관계없이 걷는다. 산에서는 그게 가능하다. 오르기도 하고 내리기도 하고 쉬기도 하면서 다리는 계속해서 걷는다. 그러다보면 머리는 단순해진다. 가슴도 무던한 다리를 닮아간다. 운동선수들이 대개 가식 없이 심플한 것도 몸의 움직임에 그 이유가 있을 테다. '부처님이 가르침을 주는 산'이라는 뜻의 광교산에서 무심히 걸으며 생각버리기 연습을 한다.

그렇다고 산에 오르는 행위가 저절로 마음에 평화를 가져다주지는 않는다. 오르는 동안 숨이 차고 땀이 나면서 마음을

어지럽게 했던 무수한 잡념들이 잠시 머릿속을 떠날 뿐이다. 하지만 어쩌다 한 번이 아니라 취미처럼 주기적으로 산에 오르다보면 시야가 조금씩 넓어짐을 느낀다. 이 봉우리에 오르는 것이 끝이 아님을 아는 것이다.

## 두려움이건 용기이건, 성공이건 실패이건

형제봉의 마지막은 줄을 타고 올라야 하는 거대한 바위다. 올라도 좋지만 건너뛰어도 좋다. 유난히 아이들의 모습도 많이 보인다. 아이들은 제 몸무게를 느끼지 못하는 양 재잘거리면서도 날다람쥐처럼 잘도 오르내린다. 오르막 앞에 설 때마다 한 숨을 푹푹 내쉬는 무거운 몸들을 비웃기라도 하듯이.

형제봉에서 정상인 시루봉까지는 2.6km 더 가야한다. 오르내림이 많은 비로봉과 토끼재는 재미도 있지만 힘도 드는 길이다. 수원의 명산답게 쉽게 정상을 내주지 않는다.

헉헉 대며 내내 오르기만 하다보면 물을 마셔도 갈증이 쉽사리 가시지 않을 때가 있

다. 목이 마른 게 아니라 실은 다른 무언가가 마르다. 그럴 때 만나는 산 속 간이매점은 한 줄기 폭포수를 만났을 때처럼 시원하다. 막걸리 한 사발에 갈증을 씻어내고 출출함도 잊는다. 한 사발에 2000원짜리 막걸리에 안주로는 마늘쫑과 멸치, 생양파가 내어진다. 매점 앞에서 오골오골 모여 막걸리를 기다리는 어른들의 모습은 간식을 기다리는 아이

들의 모습과 다르지 않다. 막걸리는 산행에서 빼놓기 아쉬운 입맛나는 어른들의 간식이다.

막걸리 한 잔에 다시 힘을 낸다. 그러다보면 정상. 쉼 없던 오름에 비해 광교산 정상은 어쩐지 싱겁다. 앙상한 가지를 뻗치고 선 겨울 끝자락의 산은 뭔가 허전한 느낌이다. 하지만 개의치 않는다. 오로지 정상에 닿기 위해서만 산에 오른 것이 아니다. 올라온 길마냥 정상도 한 숨 쉬어 가는 길목일 뿐이다.

올라왔던 길과는 반대로, 내려가는 길은 대놓고 꼼수다. 크게 내려갈 것 없는 하산이다. 산 중턱에 있는 상광교 버스종점까지만 가면 버스에 올라탈 수 있다. 정상에서 계단길을 따라 조금만 내려가면 헬기장, 그 헬기장부터는 차들이 다닐 수 있는 잘 닦인 임도다. 한남정맥의 맥을 이어가는 지지대까지 산길을 타고 갈 수도 있지만 체력여하에 따라 상광교 버스종점에서 버스를 타고 내려가도 된다. 무릎에 부담을 덜 주려면 내려가는 길은 버스를 택해도 좋다.

헬기장에서는 패러글라이딩 동호회의 날틀 예술이 한창이다. 차로 올라오기도 좋은데다 정상에서 얼마 떨어지지 않은 높은 고도이다보니 글라이딩 맛이 제대로 날 듯싶다. 그런데 날개를 제대로 펴보지도 못하고 나무에 걸려버린 노란 패러 하나가 눈에 들어왔다. 나뭇가지에 걸린 패러의 날개는 걷어오기도 차마 어려운 위치에 내려앉아 있었다.

저 패러의 날개처럼 전혀 예상치 못한 곳에 걸려 오도가도 못 하고 무기력하게 앉아있던 날들이 있었다. 스스로의 잘못일 수도 아닐 수도 있었지만 결국 시간은 흐르더라. 친구의 말처럼 오늘도 나는 베르나르 올리비에처럼 그냥 걷는다. 두려움이건 용기이건 마음에 샘솟는 그것이 무엇이건간에. 성공이건 실패이건 나를 둘러싼 상황이 무엇이건간에.

| 가는 법 | 지하철 1호선 수원역 4번 출구 |
|---|---|
| | 수원역에서 13, 13-4번 버스를 타고 경기대 입구에서 내리면 광교저수지 쪽으로 들머리가 있다. 혹은 사당역에서 직행버스 7770번을 타고 광교공원 · 경기대 입구에서 내린다. |
| 루트 | 광교저수지-천년수약수터-형제봉-종루봉-시루봉(광교산 정상)-노루목대피소-억새밭-통신대-통신대헬기장-상광교버스 종점 |
| 소요시간 | 4~5시간 |
| 연계산행 | 백운산 |
| 기타루트 | 상광교버스 종점-사방댐-절터약수터-억새밭-통신대-통신대헬기장-광교헬기장-지지대 |

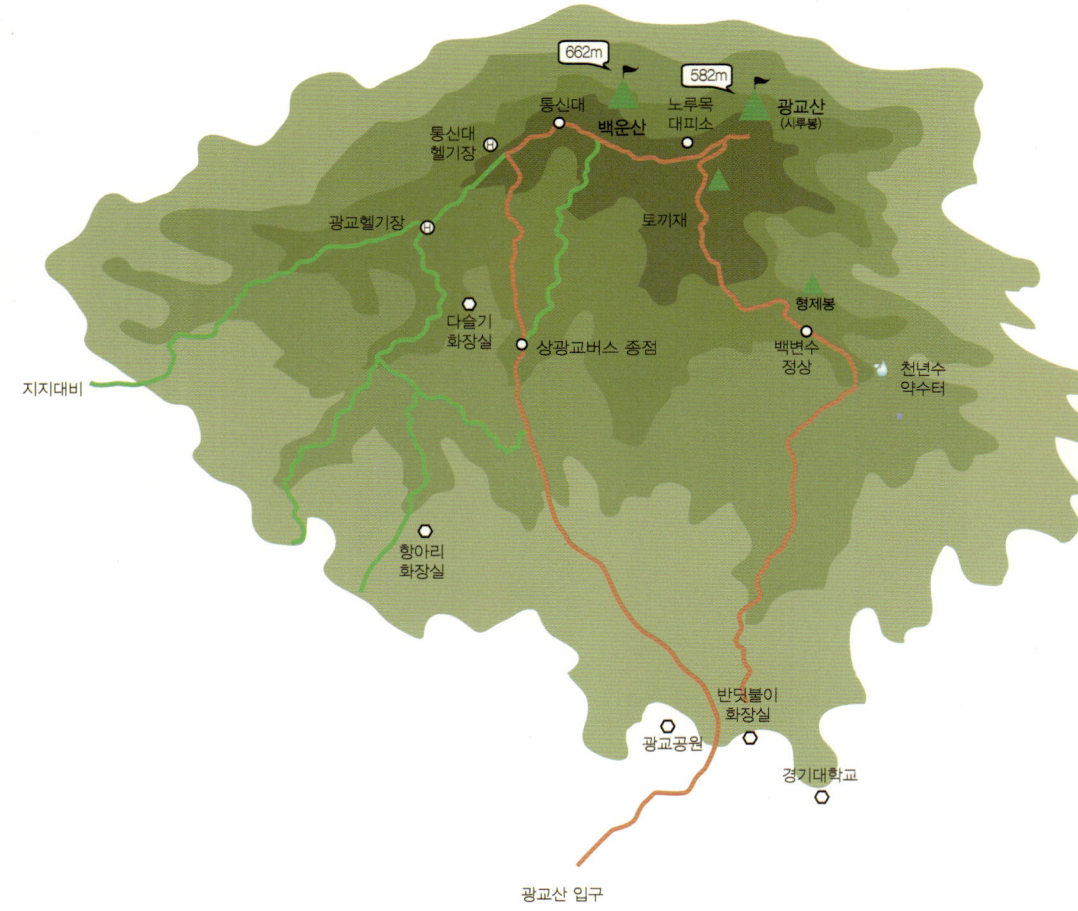

개성땅이 지척에, 확 트인 전망이 시원한

# 문수산 <sup>376m</sup>

문수산은 김포에서 가장 높은 산이다. 평야가 대부분이다 보니 376m의 동네 뒷산 같은 산도 김포에서는 최고봉이다. 게다가 명산이라 불리운다. 허나 낮은 산이라고 우습게 볼 산이 아니다. 문수산에 올라본 사람이라면 왜 야트막한 문수산이 명산의 반열에 오를 수 있었는지 무릎을 탁 치며 알게 될 테다.

## 한 발 뗄 때마다 중력을 거스르며

문수산 삼림욕장에서 시작하는 문수산 등산은 산성이 나올 때까지는 오름 일색이

다. 계단을 오르고 흙길을 오르고 바윗길을 오른다. 나무데크 계단을 살짝 오르고 나면 '정상 1.6km'라는 이정표가 마음을 안심시키지만 평지에서는 아무것도 아닐 1.6km는 산길에서는 누워서 떡먹기만은 아니다. 어느 산이든 숨을 몰아쉬며 올라야 하는 구간이 있고 한 걸음 오를 때마다 한 뼘쯤 중력을 거슬러야 한다. 오르는 일이 익숙해진데도 매번 숨이 차기는 마찬가지다.

한참의 오름을 통과해 기름진 김포평야 위로 성벽을 가지런히 쌓은 문수산성을 만난다. 문수산성은 1694년, 조선 숙종 20년에 지어졌다. 지금은 옛 성벽은 거의 남아있지 않고 새로 쌓은 돌무더기들이 서로 아귀를 맞추고 있다. 총 둘레는 2.4km로 현재는 해안 쪽의 성벽과 문루는 없어지고 산등성이쪽 성곽만 남아있다. 1866년 고종 3년, 병인양요 때 프랑스군과 치열한 격전이 있었던 장소인데 이 때 대부분의 성벽과 문루가 파괴되었다고 한다.

산성이 시작되는 길부터는 길도 좋고 작은 나무들이 우거진다. 전망도 좋고 경사도 별로

없어서 마지막 1km의 깔딱고개가 나오기 전
한동안은 산책하듯 걷기 좋다. 무엇보다 사람
많은 서울산들에 비해 한가하다는 점이 좋다.
누군가와 같이 있어도 홀로 걷는 느낌을 만끽
할 수 있다. 좁은 오솔길을 앞서거니 뒤서거니
걸으며 말없이도 어색하지 않은 채 혼자만의
시간을 갖는다.

## 저 너머 우리 땅, 강 건너 불구경

정상에 서면 문수산은 그제야 감춰졌던 베
일을 벗는다. 개성 땅이 지척에 보인다는 것만
으로도 그렇지만 정상에 서서 몸을 한 바퀴 휙
돌려보면 눈에 가릴 것 없는 360도의 서라운
드 전망이 압권이다. 강화도 쪽으로는 염하강
이, 개성 쪽으로는 한강이 내려다보인다.

가뭄 끝 몇 달 만에 폭우가 내렸다. 그 폭우
끝 하늘은 더할 수 없이 맑게 개었고 그 맑은
하늘 덕분에 북한 땅을 눈 앞에서 선선히 마주
할 수 있었다. 강 건너 멀지 않은 곳에 있는 개
성땅은 이쪽도 저쪽도 아닌 것처럼 평온하게
누워있다. 멀리서 보기에도 황량한 거성의 송

악산은 보는 사람의 마음을 안쓰럽고 안타깝게 한다.

넓지 않은 강 하나를 사이에 두고 두 땅은 극명한 대비를 보이고 있다. 마치 채색 전의 그림과 채색 후의 그림을 비교하듯, 비옥한 논과 푸른 언덕을 가진 이쪽과는 달리 산이며 논이 온통 황토빛을 띤 저쪽은 한눈에도 사람 사는 곳 같지는 않아 보인다. 마름하지 않은 시멘트 건물 그대로 위장마을의 존재도 확인한다.

헤어진 연인들이 그러하듯, 한때는 살을 부벼대며 너나가 따로 없이 맞대고 살았어도 이제는 이렇게 남남처럼 산다. 헤어지고 나면 외려 남보다 못한 것이 연인사이라고 했던가. 이쪽도 저쪽도 남의 나라, 옛 애인의 일처럼 세월은 저대로 무심히 흘러간다. 옛 애인이 미치게 보고 싶더라도 이제는 나설 명분을 잃어버린 사람처럼, 이젠 저 건

너에서 무슨 일이 벌어진데도 어찌할 도리가 없다. 가슴 쓰린 일이다. '강 건너 불구경'이란 이런 때를 두고 하는 말인가 싶다.

### 길을 잃어도 좋아

문수산을 내려오며 무성한 숲을 만난다. 한 사람이 겨우 지날 수 있는 오솔길은 문수산 숲의 매력이다. 문수산 산림욕장을 관통해 오르는 길은 경사가 높고 길이 넓어 다소 지루하더니 반대쪽으로 내려오는 길은 잡목과 수풀이 우거지고 인적은 드물어 한층 걷는 맛을 느끼게 한다.

사람 없는 한적한 길을 너무 만끽한 것일까. 오솔길을 따라 한참을 내려오다가 길을

잃었다. 이정표가 조금만 눈에 띄지 않아도 나는 곧잘 산에서 길을 잃는다. 길인가 싶다가도 수풀이 무성하고 아닌가 싶다가도 조그만 오솔길을 만들어 놓은 숲이 장난꾸러기 같다. 숨바꼭질놀이 하러 오는 사람이 드문 모양인지 문수산은 길치인 내게 오늘도 어김없이 장난을 건다.

그러나 잠깐 길을 헤매더라도 결국 길은 있다. 헤매는 것은 도착하기 위해서이고 잃는 것은 찾기 위해서다. 계곡을 따라 내려가다 보면 대체로 다시 정식 루트와 만나게 된다. 때로는 꽤 오랫동안 길을 찾지 못하고 수풀을 헤치고 가는 일도 있지만 높고 험한 산이 아닌 서울산과 근교산에서는 아예 길을 잃는 경우는 드물다. 실은 그걸 알기 때문에 길 헤매기를 즐길 수 있다. 당황하지만 않으면 스릴도 있다.

오히려 사람 발길이 별로 닿지 않아 자연스럽고 고즈넉한 숲을 즐긴다. 물론 일부러 샛길을 드나드는 것은 산속 동식물의 보호차원에서나 혹시 모를 위험에 대비해 피해야 할 일이지만 어쩌다 길을 잘못 들었다고 해도 겁먹을 필요는 없다. 없는 길도 만들어 가야하는 것이 젊음이 아니던가. 그 길에서 즐거움을 느끼는 것 또한 젊음의 특권이지 않은가.

| 가는 법 | 지하철 1호선 영등포역, 5호선 송정역, 2호선 신촌역·합정역 |
|---|---|
| | 영등포 신세계백화점 맞은편에서 시외버스 83번(김포행)이나 5호선 송정역에서 시외버스 8번을 타고 성동검문소 앞에서 내린다. 검문소에서 이정표를 따라 걷다보면 10분 후 삼림욕장에 닿는다. 혹은 신촌역이나 합정역, 홍대입구역 등에서 직행버스 3000번을 타고 김포대학 앞에 내린다. |
| 루트 | 성동검문소-남문-문수산산림욕장-나무계단-전망대-성곽길-홍예문-중봉쉼터(헬기장)-문수산 정상-문수산성-문수사-성동저수지-문수로-남문 |
| 소요시간 | 3~4시간 |
| 연계산행 | 애기봉 |
| 기타루트 | 고막리야영장-홍예문-중봉쉼터-문수산 정상-문수사-풍담대사부도, 비-홍예문-고막리야영장(2km) |

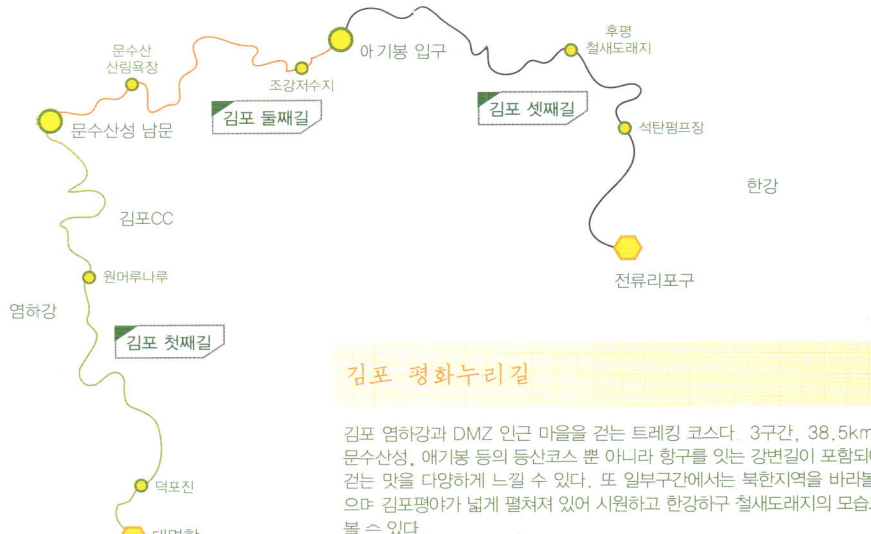

DMZ

문수산
산림욕장

문수산성 남문

조강저수지

아기봉 입구

후평
철새도래지

석탄펌프장

한강

**김포 둘째길**

**김포 셋째길**

김포CC

원머루나루

염하강

**김포 첫째길**

전류리포구

덕포진

대명항

## 김포 평화누리길

김포 염하강과 DMZ 인근 마을을 걷는 트레킹 코스다. 3구간, 38.5km길이로 문수산성, 애기봉 등의 등산코스 뿐 아니라 항구를 잇는 강변길이 포함되어 있어 걷는 맛을 다양하게 느낄 수 있다. 또 일부구간에서는 북한지역을 바라볼 수 있으며 김포평야가 넓게 펼쳐져 있어 시원하고 한강하구 철새도래지의 모습도 살펴볼 수 있다.

**김포 첫째길** 대명항~문수산성 남문 (14.9km, 4시간)
대명항-덕포진-원머루나루-김포CC-문수산성 남문

**김포 둘째길** 문수산성 남문~애기봉 입구 (8.8km, 3시간 20분)
문수산성 남문-홍예문-청룡회관-조강저수지-애기봉 입구

**김포 셋째길** 애기봉 입구~전류리포구 (14.8km, 4시간)
애기봉 입구-금성초교-후평철새도래지-석탄배수펌프장-전류리
포구

## 문수산 산림욕장

작은 규모지만 주말이라도 사람이 많지 않아 놀기 좋다. 작지만 계곡도 흐르고 그 곁에 정자도 있다. 텐트를 치고 야영을 해도 좋다. 문수산을 산책삼아 오르고 산림욕장에서 물놀이를 하는 것으로 피서를 대신해도 좋겠다. 계곡이 짧고 얕아 어린 아이가 있는 가족이 놀기 좋다.
주차장 입장료 1000~2000원, 031-980-2966

불암산
수락산
도봉산
북한산
사패산

제 6 장

불수도북 명성답게 웅장하고 장쾌한

서울의 명산 릴레이 '불수도북'은 사이좋게 어깨를 나란히 한 불암산, 수락산, 도봉산, 북한산을 이르는 말이다. 508m의 불암산부터 640m의 수락산, 740m의 도봉산을 지나 837m의 북한산까지 체력을 다지며 한 주에 한 산씩 차근히 오른다. 높이는 100m씩 높아지고 암릉도 높이에 비례해 점점 더 웅장해진다. 더불어 키 작은 내 마음에도 여유가 생긴다.

산에 오르면 그 날 하루만큼은 삶이 그렇게 어려운 것만은 아닐 거라는 자신감이 솟는다. 이 근거 없는 자신감은 팔다리를 움직이고 숲이 내어주는 신선함을 마시며 은근히 피어난다.

겸손하게 그러나 호쾌하게

# 불암산 508m

불암산에 가기 전, 미리 코스를 확인하려고 이것저것 뒤적이다보니 '규모에 비해 격조 높은 산'이라는 평판이 따라붙는다. 몇 년 전 불암산에 올랐던 기억은 가물가물하고 제법 강단 있는 산인가보다 짐작할 뿐이었다. 그런데 막상 정상부에 다가서고 보니 갑작스레 숨막히는 경관이 펼쳐진다. 그 자태가 고고하면서도 힘이 넘치고 웅장하면서도 우아하다. 어느 코스로 올라도 1-2시간 만에 오를 수 있는 산이라고는 믿겨지지 않는다. 한 시인은 불암산 정상부의 바위군을 승무의 고깔이라고 표현하기도 했는데 그러고 보니 허옇게 몸을 다 드러낸 채 정상에 뾰족하게 올라앉은 모습이 꼭 머리에

쓴 고깔 같다.

## 쉽게 올라도 장엄한 정상

불암산에 쉽게 오르려면 덕능고개어 서 산행을 시작한다. 버스로 산 중턱까지 올라가 능선을 타는 코스다. 등산로 초입부터 가파른 경사는 몸에도 마음에도 부담스럽다. 당고개역에서 3~4분쯤 버스를 타고 언덕 위 부대 앞에서 내리면 불암산과 수락산을 이어주는 덕능고개에 닿는다.

계단을 올라 오른쪽으로 가면 수락산, 왼쪽으로 가면 불암산이다. 노원과 상계 지역은 타지역에 비해 집값이 잘 오르지 않아 주민들이 불만을 갖고 있다지만 이런 명산 밑에서 사는 행운에 비하면 그 정도 불운은 감수할 만하지 않을까.

불암산은 그 오르고 내리는 길의 완만함에 비해 탁월한 경치를 감상할 수 있는 산이다. 500m급 산에서 누리는 경치가 아니다. 편한 등산로에 비해 호사스런 정상 풍경이다. 산 아래의 전망이 아니라 산 자체의 모습이 기막히다. 조선 개국당시 경복궁의 위치 선정을 두고 풍수상 남산과 경쟁하던 터라고 하더니 결코 과장이 아니다.

분명 오를 때는 바위는 별로 없고 흙과 모래가 많은 육산이었는데 정상부는 어마어마한 바위군이다. 일면 거칠기도 하고 부드러운 곡선미를 뽐내기도 하는 바위들은 쥐바위, 두꺼비바위 등 그 형상에 따라 갖가지 이름을 붙이고 앉아있다. 사람들의 사진 배경이 되기도 하고  감탄과 웃음을 자아내게도 하는 바위들은 가만히 앉아있기만 해도 오르락 내리락 하는 산행객들의 사랑을 듬뿍 받는다.

삼육대학교 쪽의 둘레길로 이어진 하산길에는 한동안 소나무숲이 길게 펼쳐진다. 크게 내리는 기분도 없이 완만하게 내려가는 길은 몸의 하중을 덜어주어 무릎이나 발

목에도 별다른 무리를 주지 않는다. 다음 날에도 언제 산에 다녀왔냐는 듯 피로감이 없다.

### 더 즐기기 위해서, 더 천천히

13km의 불암산 둘레길은 등산코스와 이어져 있어 불암산 정상을 오른 후 자연스럽게 둘레길로 접어들 수 있다. 뒷동산에 오르듯, 마냥 숲길을 걷듯 편안하게 걷는 길, 불암산 등산코스의 특징이다.

코스가 짧고 오르기 쉬운 것에 비해 근사한 경치를 볼 수 있기 때문일까. 연세 드신 어르신들의 모습도 심심찮게 보인다. 요즘은 환갑 정도는 어르신 축에도 못 끼고 적게는 일흔, 많게는 여든 아흔은 되어야 어르신 대접을 받는다고 한다. 여든의 어르신이 헉헉 대는 내게 "뭐가 힘들다고 그러냐"신다. 가슴이 뜨끔하다.

불암산 정상에서 만난 할아버지는 과거 헐벗었던 우리 산을 기억하고 계셨다. 60~70년대만 해도 대부분의 산들이 벌거벗은 황량한 모습이었단다. 너 나 할 것 없이 산의 나무를 베어 땔감으로 삼던 시절이었다. 산이 이렇게 푸른 모습을 하게 된 것도 연탄이 개발되고 상용화되면서부터라니 격세지감을 느끼실 만도 하다. 나는 산에서 종종 할아버지들에게 길을 물어보고 덤으로 옛날이야기를 듣는다. 그 얼굴의 주름이 산에서는 더 예사롭지 않다.

사회에서 밀려나버린 할아버지에게도, 사회생활에 치여 마음 심란한 우리들에게도 이 산은 위안이고 또 휴식이다. 그런 점에서 통하는 부분이 있다. 몇 년 전 아버지뻘 되는 직장선배는 '버티면 성공한다'는 자조 섞인 조언을 남기고 조금은 이른 나이에 명예퇴직을 했다. 말은 명예퇴직이었지만 십수 년간 머물던 직장에서 한순간 내쫓겼다는 것을 모두가 모르지 않았다. 남은 자들은 다시, 더, 치열해져야 했다. 그런 비정함이 싫어서 나는 일찌감치 직장생활에 정을 뗐다. 그렇더라도 죽을 때까지 밥벌이에서 헤어나올 수 없음은 잘 알고 있었지만 어차피 그럴 거라면 좀 덜 벌고 덜 먹고 더 즐기며 살고 싶었다. 지금 이 산을 오르는 이유다.

할아버지와 두런두런 이야기하며 오솔길을 걷는다. 일제, 해방, 6.25, 새가을운동, 독재를

모두 겪어온 단단한 세대가 오르는 이 산을 겨우 자기 밥벌이에도 헉헉대는 나약한 내가 함께 오른다. 산 밑에서는 눈가에 생기는 작은 주름 하나에도 호들갑을 떨지만 산 안에서는 그 주름살이 본받고 싶어진다. 뭘 하든 결국 주름살 몇 줄 덤으로 얻는 인생이다.

불암산은 태릉선수촌을 끼고 있다. 그래서 국가대표선수들이 지옥 훈련을 하는 산이기도 하다. 높은 산은 아니지만 선수들은 이 산을 평지처럼 뛰어서 오르내린다. 땀은 비 오듯 쏟아지고 이를 악무는 그들의 모습에서 '죽기 아니면 까무러치기' 정신이 고스란히 느껴진다.

나는 그렇게 까무러 치도록 열심히 산에 오르고 싶지는 않다. 나는 할아버지처럼 천천히 오른다. 지치지 않고 오래도록 산을 좋아하기 위해서다. 지금 이 순간을 즐기기 위해서다.

| 가는 법 | 지하철 4호선 당고개역 1번 출구, 상계역 1번 출구 |
|---|---|
| | 지하철 4호선 당고개역이나 상계역에서 내린다. 당고개역 1번 출구로 나와 10, 10-5, 17번 버스를 타고 3~4정거장만 가면 덕능고개에 닿는다. 혹은 당고개역이나 상계역에서 10분 정도만 걸으면 동네를 통과해 등산로로 진입할 수 있다. |
| 루트 | 덕능고개-약수터갈림길-석장봉-불암산 정상-거북바위-깔딱고개-헬기장-학도암갈림길-삼육대갈림길-배수지갈림길-공릉산백세문 |
| 소요시간 | 3~4시간 |
| 연계산행 | 수락산 |
| 기타루트 | ① 상계역-제일중고교-불암산관리사무소-불암계곡-정암사-불암체육회-깔딱고개-불암산 정상 |
| | ② 공원관리소-청암약수터-돌다방쉼터-능선사거리-정상 |
| | ③ 양지초소-천병약수터-헬기장-깔딱고개-정상 |
| | ④ 원자력병원 후문-삼육대갈림길-학도암갈림길-깔딱고개-정상 |

## 불암산 둘레길 (남색길)

불암산 능선과 아랫자락 산책로를 잇는 불암산 둘레길은 총 13km로 등산에 취미가 없거나 가벼운 숲 산책을 원하는 사람에게 좋다. 각 코스가 짧고 우거진 숲을 느낄 수 있는데다 길도 잘 정비되어 있어 남녀노소 누구나 부담 없이 걸을 수 있다. 각 코스는 동네와 연결되어 있어 주민들의 산책로로 인기가 높다.

1 덕능고개-넓은마당 (1.6km)
2 넓은마당-넓적바위 (2.0km)
3 넓적바위-104마을갈림길 (1.2km)
4 104마을갈림길-삼육대갈림길 (0.6km)
5 104마을갈림길-공릉산백세문 (1.8km)
6 공릉산백세문-삼육대정문 (3.2km)
7 삼육대정문-삼육대갈림길 (2.0km)

산 좋고 물 좋고 사람 좋은

# 수락산 640m

 

날 좋은 주말, 7호선 수락산역 1번 출구 앞은 유난히 왁자지껄하다. 김밥 파는 할머니는 아침부터 흥이 난 듯 노래 한 자락 유쾌하게 뽑아올리시고 좁은 길에서 형형색색 등산복을 입은 사람들의 물결은 마치 한 곳으로 진군하는 부대의 그것처럼 혼란 속에서도 일사분란하다.

## 산 아래, 먹거리

아파트 단지를 지나 수락산 입구로 들어가는 길은 시골장터를 방불케한다. 어느 등산길 초입에나 흔한 김밥과 떡, 막걸리는 물론 족발과 문어까지 난전에 나와 있고 메추리와 도루묵을 석쇠에 구워 파는 집까지 있다. 김밥집도 경쟁이 붙어 잡곡밥으로 김밥을 싸는 곳이 있는가 하면 손님이 보는 앞에서 원하는 재료를 넣고 김밥을 말아주는 즉석김밥집들도 인기다. 흔치 않은 오리알과 수수부꾸미까지 주전부리도 이것저것 종류가 다양하다. 파는 것은 대부분 먹거리, 저런 것도 산위에서 먹을 수 있구나 싶은 것까지 있다.

그 자리에서 삶아주는 족발은 먼 데서부터 족발 삶는 구수한 냄새를 풍기고 5일장이라도 들어선 듯 없는 것 없는 먹거리가 몇 백여 미터나 길 위에 펼쳐져 있다. 엄마따라 시골장터구경이라도 하는 양 어린애처럼 즐겁다.

산길로 접어들어도 한동안은 산 속 식당이나 매점이 꾸준히 늘어서 있다. 바위 위나 나무 우거진 아래 평상이나 간이 탁자를 펼쳐놓고 한 숨 노시다 가시라고 은근히 부추긴다. 한참을 걸어가서야 "이곳이 마지막 매점입니다"를 알리는 표시가 나온다.


## 떠밀리지 않고 내 뜻대로

수락산역 쪽에서 올라가는 수락산 초입은 한참이나 완만한 숲길이다. 준비운동을 따로 하지 않아도 걸으면서 서서히 몸이 산에 오를 준비를 한다. 수락교 등 몇 개의 작은 나무다리를 지나 약 1km를 걸어 신선교에 닿으면 그때부터는 비로소 숨을 깔딱깔딱 넘어가게 만드는 깔딱고개다. 깔딱고개를 넘기 전엔 한숨 쉬어 가라는 듯 넓게 공간을 펼친 새광장이 있다.

서울산 대부분에 깔딱고개가 있다. 한결같이 깔딱고개라는 이름이다. 깔딱고개 아래에서 산 위쪽을 올려다보면 가파른 경사에 몸보다 숨이 먼저 긴장한다. 깔딱고개 여기저기에 자리를 펴고 간식을 먹는 사람들이 많은 것은 겁먹은 숨을 달래기 위한 작전이다.

깔딱고개에선 나무도 만져보고 뒤돌아 전망도 좀 보면서 쉬엄쉬엄 가면 된다. 깔딱고개라도 올라가는 속도와 쉴 타이밍을 체력에 맞게 안배하면 숨이 깔딱 넘어갈 일은 없다.

보통 남자들과 동행하면 그들은 자주 쉬지 않고 박차를 가해 올라가곤 한다. 반면 여자들은 쉬엄쉬엄 가고 싶어한다. 그래서 남녀가 여럿이 동행 하다보면 자주 남자들이 먼저 올라가 기다리게 되는데 그럴 때 여자들은 자신의 페이스대로 쉬면서 가기 어렵다. 특히 걸음이 느린 여자들은 앞서 가며 재촉하는 동행들 때문에 은근히 스트레스를 받는다.

산행에서도 남녀의 성향 차이는 분명하다. 나무도 보고 꽃도 보며, 때로는 산나물도 캐가며 가는 길을 충분히 즐기고픈 여자들과 달리 남자들은 일단 정상에 오르겠다는 것에 목적을 둔

다. 여자들은 정상까지 가지 않고 중간에 내려오더라도 개의치 않고 오히려 산 중턱의 계곡이나 전망 좋은 자리에 돗자리를 깔고 도시락을 먹으며 한참을 놀다가는 것을 즐긴다.

일반적으로 산행할 때 너무 자주, 오래 쉬는 것은 좋지 않지만 개인의 몸 상태에 따라 쉬는 시간이나 타이밍에 정답은 없다. 자신의 페이스에 맞춰 적절히 쉬는 것은 산행의 중요 포인트다. 극기훈련이나 체력단련을 위해서 산에 오르는 것이 아니기 때문에 쉼은 더 중요하다. 쉼에서 산행할 맛도 생긴다.

쉬면서 얼려온 막걸리도 한 잔 마시고 주전부리도 먹고 수다도 떨면서 여유를 부리다보면 헉헉거리며 올라올 때는 미처 보지 못했던 조막만한 야생화도 보이고 이름 모를 나무와도 눈이 마주친다.

고은 선생의 짧은 시가 이러한 여유의 가치를 대변해 준다.

"올라갈 때 보지 못한 그 꽃, 내려올 때 보았네"

마음에 여유가 있을 때 비로소 주변 또한 돌아보게 된다. 몸과 마음을 쉬면서 주위를 돌아보는 것, 자연의 향이 그득한 숲속에서의 쉼이란 얼마나 달달한 것인지.

## 산행의 맛을 비로소 알게 해주는

쉬이 끝날 것 같지 않던 깔딱고개도 한 걸음 한 걸음 오르고 한 두 걸음 쉬다보면 어느새 끝이 보인다. 올라선 그곳에서 사람들이 무슨 이유로 이토록 가파른 깔딱고개를 오르고 있는지 아래를 내려다보면 어렴풋이 그 이유가 보인다.

정상부의 커다란 바위군에서는 연신 줄에 의지해 올라야 한다. 바위에 철심을 박아놓아 발이 디딜 수 있는 자리가 만들어져 있고 옆으로는 가이드라인도 있다. 줄을 잡고 올라야 하는 암석길이지만 어렵다기보다는 짜릿한 재미를 준다. 한 걸음 한 걸음 옮길수록 눈에 들어오는 풍경은 더 웅장해지고 가슴의 체증도 하나 둘 풀려나간다.

수락산은 입문자에게도 산행의 맛을 알게 해줄 만큼 다채로운 걷기를 선사한다. 걷듯이 완만하게 오르다가 깔딱고개를 내놓고, 그 뒤에 다시 암석의 비경을 숨겨놓는다. 깔딱고개만 넘으면 딱히 어려운 구간도 없다. 숲이 울창하고 길이 잘 정돈되어 있어서 걷기에 좋다.

수락산은 불암산이나 도봉산, 북한산처럼 산 전체가 화강암으로 둘러싸여 있고, 크고 작은 바위군들이 절경을 이룬다. 계곡도 깊다. 정허거사가 읊었다는 수락의 8경인 옥류폭포, 은류폭포, 금류폭포, 미륵봉 흰구름, 향로봉 맑은 바람, 칠성대 기암, 불로정 약수, 선인봉 영락대 중 폭포만 3곳이다. 매월당 김시습도 수락산의 절경과 깊은 계곡에 반해 금류폭포에 움막을 짓고 살았다는 이야기가 전해온다.

내려오면서는 푸짐한 한상을 물리고 입가심하듯 수락산장에 들른다. 버섯라면을 끓여주고 산야초 도토리묵을 내어주는 30년 묵은 수락산장. 즉석한 통기타 연주에 주인장은 물론 등산객들의 노랫가락도 예삿일이다. 70~80년대를 추억하게 하는 7080라이브카페가 수락산장의 또 다른 이름이다. 세대가 달라도 산에서 듣는 옛 음악은 정겹고도 눈물겹다.

수락산에 오르며 비로소 산행의 참맛을 알 것 같은 기분이 들었다. 이제 오르는 것에도 슬슬 이력이 붙고 자연에 노니며 쉼을 즐기는 것에도 어지간히 도가 튼다. 알쏭달쏭하던 문제가 풀리는 듯도 하고 하나씩 조금씩 자연이 내어주는 것들을 받아 안을 준비가 된 것 같기도 하다.

| | |
|---|---|
| **가는 법** | 지하철 7호선 수락산역 1번 출구, 장암역 1번 출구 도보 15분 |
| | 수락산역에서 먹거리 노점상이 많은 큰 길을 따라 200~300m 걸어오다가 오른쪽으로 꺾어 아파트 입구를 통과하면 바로 진입로가 나온다. |
| **루트** | 수락골 입구–염불사 입구–새광장–깔딱고개–정상–수락산장–내원암–마당바위–수락산 유원지 |
| **소요시간** | 4~5시간 |
| **연계산행** | 불암산, 도봉산 |
| **기타루트** | ① 노원골 입구–노원골약수터–노원골갈림길–도솔봉–정상 |
| | ② 상계14단지–귀임봉–노원골갈림길–도솔봉–정상 |
| | ③ 동막골 입구–공원단리소–곰바위–도솔봉–정상 |

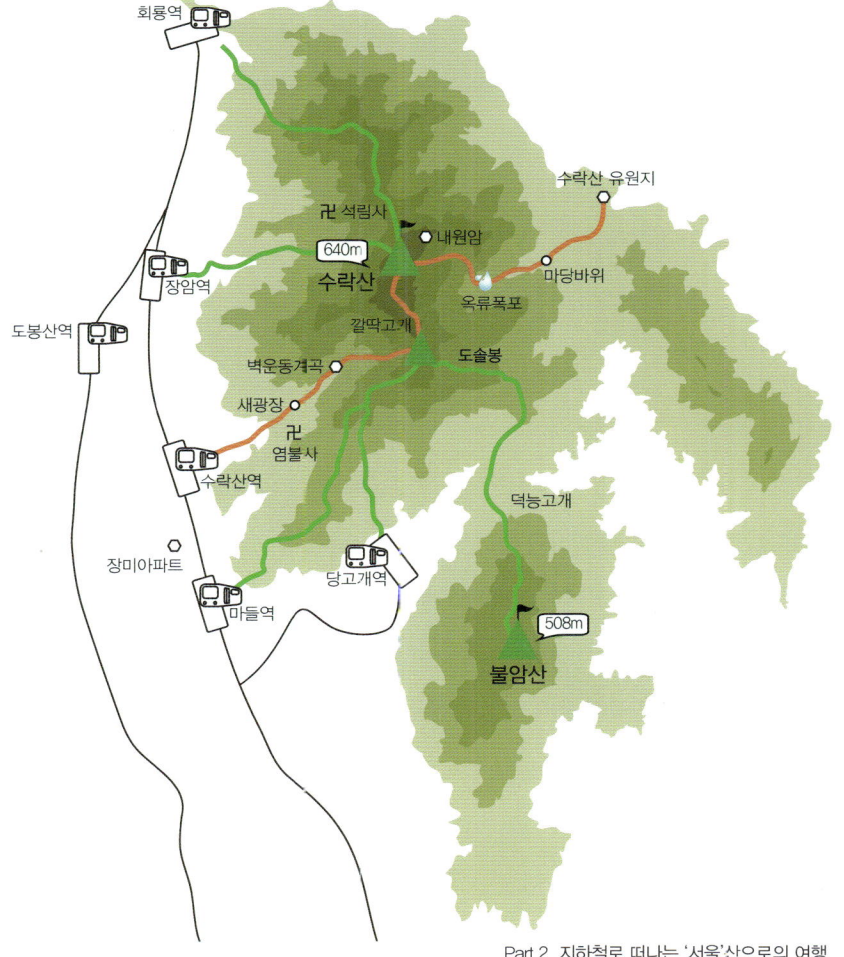

신비로운 바위의 고향

# 도봉산 740m

    불암산과 수락산을 거쳐 도봉산에 오른다. 처음 불암산에 올랐을 때 암릉을 보고는 낮은 산답지 않게 웅장한 면에 적잖이 감탄했었다가 수락산에 오르고는 불암산에 감탄했던 것은 까마득히 잊어버리고 수락산을 예찬하기에 바빴다. 그런데 이렇게 도봉산에 오르고 보니 불암산과 수락산은 도봉산의 동생격이라고 서슴없이 평가하게 된다.

    화강암으로 이루어진 도봉산의 암벽과 암릉을 보고 있자면 절로 탄성이 터져나온다. 흘러내리는 듯한 화강암의 모습이 산의 정취와 절묘하게 어우러지고 여기저기 울뚝불뚝 솟은 집채만한 바위가 그 길 곁을 지나는 이를 압도한다. 어디서 솟아났는지 혹은 떨어졌는지 모를 거대암석은 아무리 보고 있어도 신비롭기만 하다. 고대를 연상케 한다. 도봉산은 그렇게 서울의 한폭관에서 누구에게나 거침없는 모습으로 다가온다. 늘 그 자리에 있었던 듯 혹은 처음 만나는 듯이.

## 등산, 마음 밭에 나무 심기·계곡 들이기

수많은 산악인들이 찬미하듯 서울이라는 메트로시티에 이렇게 웅장하고 장엄한 산들이 있다는 것이 서울에 살면서도 놀랍다. 30년 넘게 서울에 살면서도 친하게 지내지 못했다. 보석 같은 산들을 옆에 두고도 몰랐다. 도봉산은 세계를 무대로 삼아도 될 만큼 손색없는 멋을 지녔다.

가뭄이 심해 TV에서도 연신 논바닥이 갈라지고 밭작물이 말라 죽는다는 뉴스가 보도될 때 도봉산을 찾았다. 도봉산 역시 아름다운 폭포와 시원한 계곡의 물줄기는 오간데 없고 쩍쩍 말라붙은 계곡의 바위들만 갈증을

달래지 못해 애처로운 모습으로 엉켜 있었다. 계곡 밑바닥이 훤히 보이는 것은 물론 발 한쪽 담그어 볼 물을 찾기도 어려웠다. 평소엔 계곡 곁에서 도시락을 먹던 산행객들이 물 없는 계곡의 바위에 퍼져 앉아 쉬고 있는 모습이 처량해 보이기까지 하다.

산속에 지천으로 흐르던 계곡이 사라지니 그렇게 삭막할 수가 없다. 계곡물 마르듯 쩍쩍 말라버린 내 마음의 숲도 되돌아보게 된다. 산행을 시작한 참에 삭막하던 마음길에도 멋진 계곡 하나 만들어 볼 참이다. 산을 오가다 보면 황량한 마음 밭에 저절로 나무 몇 그루 심겨지고 가뭄에도 마르지 않는 시원한 물줄기가 생기기를 은근히 기대한다. 그렇게만 된다면 갑작스런 마음의 산사태도 거뜬히 막아낼 수 있을 테다.

## 산 중 오수

도봉산역에서 도봉산 입구까지는 수락산처럼 장터를 방불케 하는 포장마차와 선술집들이 진을 치고 있지만 일단 산에 오르기 시작하면 다른 서울산들에 그토록 흔하던 매점이나 아이스크림 장사꾼 하나 없다. 국립공원의 품격을 지키기 위해서다.

간이매점이 나타나면 시원한 막걸리 한잔 후루룩 마시고 그 기운을 에너지바 삼아 정상까지 오르곤 하던 나는 매점도 없던 차에 쉬는 것도 잊고 내내 오르기만 하다 중턱에서 발이 멈춰버렸다. 체력고갈이다. 성도원에서 마당바위까지 능선을 겨우 넘고는 힘에 부친 몸이 힘 없이 흐느적거린다.

에라, 마당바위 인근에서 아예 낮잠을 청한다. 평평한 바위를 찾아 그냥 그대로 돗자리도 없이 벌렁 드러누웠다. 한가한 그 중턱에는 유난히 낮잠을 즐기는 사람이 많다. 산 중 오수다. 바위는 침대가 되고 가방은 베개가 되고 풍경은 자연 그대로 그림이 된다. 소나무 아래 자리를 잡으니 상쾌한 공기와 중턱의 바람이 머리를 쓰다듬어 슬며시 잠이 든다.

전날의 불면과 더워진 날씨로 노곤했던 몸은 30~40분의 짧은 낮잠으로 다시 맑게 개인다. 초여름, 산 기슭 바위에 누워, 그것도 깔딱고개를 넘은 뒤 즐기는 낮잠은 꿀보다 더 달콤하다. 해보지 않고는 그 맛을 알리 없다. 그 맛에 빠지면 오르기 위해서가 아니라 낮잠을 즐기기 위해 산을 찾을 정도다.

낮잠으로 힘을 내고 봉우리에 오른다. 도봉산을 대표하는 봉우리인 자운봉740m과 만장봉718m, 선인봉708m은 약간의 높이차를 두고 나란히 열을 지어 있지만 사실 일반 등산객은 세 봉우리 중 어느 봉우리에도 올라갈 수 없다. 너무 가파르고 아슬아슬해 암벽등반이 아니고는 접근할 수 없다. 대신 이 세 봉우리를 조망할 수 있는 신선대가 바로 앞에 있다. 신선대가 도봉산에서 등산객이 오를 수 있는 가장 높은 봉우리다.

자운봉을 암벽등반으로 오르는 무리를 만났지만 보는 것만으로도 다리가 후들거린다. 언감생심 꿈도 못 꿀 일이다. 도봉산의 대표적인 봉우리인 자운봉과 만장봉, 선인봉은 나름의 의미 있는 이름을 붙이고 있다. 자운봉은 높은 봉우리에 붉은 구름이 걸린다는 의미로 자운紫雲이다. 자운은 불가에서 상서로운 기운을 뜻한다. 그 옆 만장봉萬丈峰은 높은 봉우리라는 뜻으로 도봉산 북동쪽 기암으로 닭벼슬처럼 날카로운 형상을 하고 있다. 마지막으로 선인仙人봉은 신선이 도를 닦는 바위라고 해서 붙여진 이름이다.

도봉산 세 봉우리의 장대함은 멀리서도 확연하다. 도봉산이 뿜어내는 신비로운 기운을 말로 설명하기는 어렵다. 도봉산을 바라보고 있으면 알 수 없는 힘에 이끌리듯 기어이 신선대에 오르게 된다.

정상부의 봉우리들은 마치 누군가 블록을 쌓아놓은 듯 모서리를 맞춘 채 층층이 쌓여있어 더 미스터리하다. 누군가 무너뜨렸다가 다시 쌓고 또 무너뜨렸다가 다시 쌓은 장난감 레고 같다. 인간이 잠든 동안 신선이라도 나타나 하나하나 쌓아올린 듯 아귀가 딱딱 들어맞는다. 그 모양은 계산되지 않은 자연미와 함께 신의 손길을 느끼게 한다.

어떻게 뿌리를 내렸는지 봉우리의 비탈면에서 흙 한줌 없는 바위 사이로 굳건하게 서 있는 작달만한 소나무를 본다. 작은 고추가 맵다는 듯 작은 소나무는 몇 십 년을 버텨온 강단 있는 모습이다.

정상부로 올라갈수록 바윗길은 험해지고 오르는 사람을 시험하듯 힘겨움도 준다. 하지만 끝까지 올라볼 가치는 충분하다. 정상에서 느껴지는 모든 것이 오르는 수고로움을 보상해 준다.

| 가는 법 | 지하철 1·7호선 도봉산역 1번 출구 |
|---|---|
| | 도봉산역에서 먹거리촌을 지나 15분 정도 걷는다. 아웃도어 매장들을 지나면 등산로 입구에 닿는다. |
| 루트 | 도봉탐방지원센터–도봉사–구봉사–성도원–마당바위–자운봉(도봉산 정상)–신선대–주봉–거북바위–성도원–도봉탐방지원센터 |
| 소요시간 | 5~6시간 |
| 연계산행 | 수락산, 사패산, 북한산 |
| 기타루트 | ① 망월사역–원도봉탐방지원센터–심원사–다락능선–포대정상–자운봉 |
| | ② 망월사역–망월탐방지원센터–원각사–원도봉계곡–덕제샘–망월사–포대산불초소–포대능선–자운봉 |
| | ③ 도봉역–무수골공원지킴터–자현암–우이암–도봉주능선–주봉–자운봉 |
| | ④ 송추역–오봉탐방지원센터–이성봉–오봉–오봉능선–주봉–자운봉 |
| | ⑤ 송추역–송추분소–송추샘–송추계곡–오봉삼거리–주봉–자운봉 |

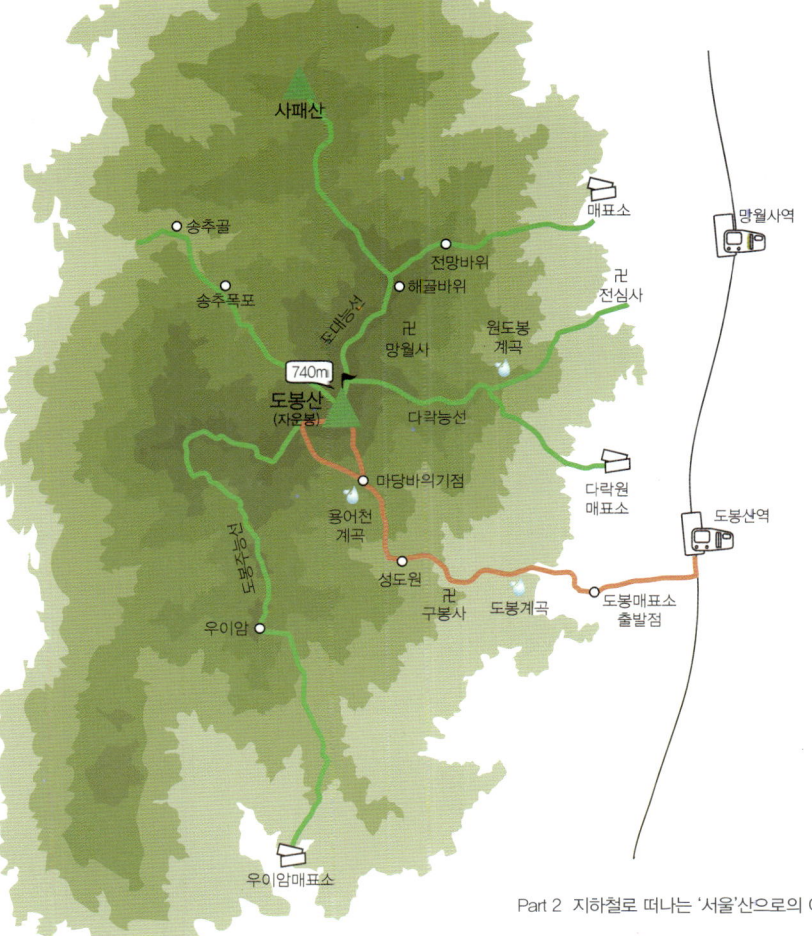

서울산의 대부, 서울의 히말라야로

# 북한산 <sup>837m</sup>

북한산은 쉬운 산이 아니다. 서울에 있는 30여 개의 산들 중 단연 최고봉이다. 높이 뿐 아니라 산의 형세도 그렇다. 울뚝불뚝 솟은 봉우리들은 거친 바위의 본능을 그대로 드러내며 기세 좋게 그 머리를 하늘로 쳐들고 있다. 주변의 산들에서 보는 북한산의 거대한 암릉은 늘 감탄을 자아내게 한다. 방향을 감지하듯, 서울의 어느 산엘 올라도 두리번거리며 북한산을 찾게 된다. 하나하나 단계를 밟아나가듯, 산책로 같이 낮은 산 부터 차근히 오르던 발이 기어이 멀리서만 보던 북한산에 오른다. 서울이 기댈 수 있 도록, 서울 시민들이 기댈 수 있도록 기꺼이 그 몸을 내어주는 북한산은 반론의 여지

없이 서울산의 대부다.


## 산은 그 높이로만 말하지 않는다

멀리서 봐도 북한산은 제 모습을 전혀 숨기지 않는다. 꺼릴 것이라고는 전혀 없다는 듯이 온 몸을 스스럼없이 내세운다. 폭설이 내린 후 북한산을 바라보면 그 웅장함이나 대범함이 히말라야 산 군과 비교해도 뒤지지 않는다. 히말라야 남자인 엄홍길 대장도 인정한 것처럼 여러 번 히말라야에 오른 한 선배도 폭설 뒤 북한산은 꼭 칸첸중가 같다며 감탄하곤 했었다.

나도 몇 년 전 히말라야에 발을 디딘 적이 있다. 산악인들처럼 높은 곳까지는 오르지 않았지만 안나푸르나 트레킹코스를 걸으며 히말라야 산군이 내뿜는 엄청난 기운에 흠뻑 빠졌던 기억이 있다. 왜 그토록 많은 사람들이 죽음을 담보하고서라도 기어이 그 설산을 오르려고 하는지 알 것도 같고 모를 것도 같았다. 눈을 드는 모든 곳에 펼쳐지는 설산의 감동은 낮도 낮지만 하얀 눈이 달빛을 받는 밤에 더 기탁했다. 그 비현실적인 풍경은 점점 현실감을 무디게 했고 때로는 환상처럼 느껴지기도 했다.

히말라야에 다녀왔다는 내게 누군가 물었다.

"히말라야가 8000m급이고 북한산이 800m급이니까 히말라야는 북한산의 열 배 높이로 하늘을 찌르고 있는 건가?"

그럴듯한 말이지만 직접 눈으로 본 느낌은 그렇지 않다. 히말라야는 무서울 정도로 웅장했지만 북한산의 모습도 그에 뒤진다고 말할 수 없다. 산은 단순히 높이로만 평가되지는 않는다. 사람이 스펙으로만 평가되지 않는 것처럼. 현명함이란 내가 가진 것이 가장 소중하다는 것을 잘 알고 있다는 듯이다. 그런 점에서 북한산은 우리에겐 히말라야보다 더 멋진 산이다.

북한산은 북으로 서울을 감싸고 있다. 그 산세는 서울의 뒷백처럼 든든하다. 뒷배경이 있는 사람에게 이유 없는 자신감이 솟듯 뒷백이 있는 서울은 자신만만하다. 산은 그 산에 오르는 사람들에게 그 기운을 주고 있는 모양인지 북한산을 사랑하는 사람은 유난히 많다. 한 해 탐방객만도 천만이 넘는다.

밟히고 밟혀도 성 낼 줄 모르는 산이라도 가끔은 비명을 지른다. 북한산의 샛길이 그렇다. 하루도 쉬는 날 없이 만인의 발길을 받아들였던 북한산에는 300여 개에 달하는 샛길이 있다고 한다. 북한산에 난 수많은 '길 아닌 길'은 등산객들의 호기심의 발로였고 그 때문에 북한산의 동식물은 마음 편할 날이 없었다.

요즘은 샛길로 드나들지 말고 정식 등산로로만 다니자는 캠페인이 벌어지고 있다.

북한산 둘레길 덕분에 샛길이 많이 줄어들기도 했다. 출입금지라는 푯말과 함께 밧줄로 등산로를 표시하고 있지만 사람은 자연을 사람 아래로 보는 나쁜 버릇을 아직은 다 버리지 못하고 있다.

## 깊고 높고 외롭게

한여름, 하룻강아지 산 무서운 줄 모르고 북한산에 올랐다가 땡볕에 피부를 벌겋게 데이고 말았다. 암릉이 많은 북한산에서는 시원한 계곡이나 울창한 숲보다는 바위가 주를 이룬다는 점을 간과한 결과다. 그래도 북한산의 그 호쾌한 경치만은 놓칠 수 없었다. 멀리만 보던 산에 올라 그 산을 더 가까이 느끼고 싶었다.

구기터널 공원지킴터를 시작으로 향로봉으로 오르는 길에 들어섰다. 봉우리는 가

팔라서 직접 오를 수는 없고 봉우리 밑자락으로 돌아가는 길이다. 자잘한 바윗길이 쉼 없이 이어진다. 그동안 대체로 낮고 푸른 산을 위주로 산행을 했던 일행은 모두 당황했다. 날씨는 불볕이었고 체력은 달렸다.

많은 사람들이 극찬하는 북한산, 피부를 데이면서도 바위에 오르고 봉우리를 향했다. 북한산의 봉우리는 끝없이 이어지는 듯 했다. 분명 끝은 있겠으나 끝이 없는 것처럼 느껴졌다. 산은 들어갈수록 더 깊어졌다.

북한산에는 그 샛길까지 합친다면 셀 수 없을 만큼 많은 루트가 있다. 끝에 '봉'자를 붙인 봉우리만도 15개가 넘는다. 그러니 여러 차례 북한산에 올랐어도 북한산의 모습은 갈 때마다 다르다. 루트에 따라 다르고 계절에 따라 또 다르고 오르는 사람의 마음에 따라 다르다.

## 단순하게, 홀가분하게

삶에서 너무 많은 선택권은 오히려 머릿속을 복잡하게 만드는 방해물이 되곤 한다. 세계가 진화하면서 객관적인 생활자체는 더 편리

해졌지만 단순한 만족과 행복은 점점 줄어드는 것을 부정할 수 없다. 늘 또래보다 며느리고 아날로그를 추구하는 내게는 시류에 따라가지 않는 것이 점점 더 어렵게 느껴진다. 복잡한 세상에서 심플함을 추구한다는 것 자체가 때론 우스꽝스럽게 비춰지기도 한다. 점점 소신 있게 밀고 나갈 힘을 잃는다.

비봉에 오르기 전, 적당한 바위에 자리를 잡고 앉아 도시락을 까먹었다. 반찬은 호박잎과 깻잎, 오이지와 양파절임이 다지만 언제나처럼 산 위의 모든 것이 반찬이기에 그 맛은 여느 때처럼 꿀맛이다. 다이어트를 위해 이번 등산 일정에 동행을 자처한 선배언니는 맛있게 먹으면서도 이렇게 산에 다니다가는 더 살찔 것 같다며 푸념을 늘어놓는다.

골드미스까지는 아니더라도 실버미스나 브론즈미스쯤은 되는 싱글녀들과 함께 북한산에서 점심을 먹는다. 꿀맛 같은 밥과 함께 나도 모르게 먹어버린 서른 중반의 나이, 하지만 싱글이 아니고선 주말마다의 산행은 영 무리였을 것이다. 가족의 든든함은 없어도 혼자의 홀가분함만은 아직 달콤한 우리다.

족두리봉과 향로봉을 거쳐 비봉에 이르러 발길을 돌린 이번 산행은 북한산 최고봉

인 백운대나 인수봉과는 먼 루트에서 끝난다. 애초에 정상정복의 목적 같은 건 없었으므로 아쉬움은 없다. 더구나 산은 그 자리를 떠나지 않고 늘 한자리이지 않은가. 지리나 방향감각에 약한 우리 여자들은 흔히 길을 잘못 들어 헤매기도 했지만 루트를 벗어나는 것조차 즐기곤 했다. 모로 가도, 가고 있다는 것에 의미를 두면서.

| | |
|---|---|
| 가는 법 | 지하철 3호선 불광역 2번 출구, 3호선 독바위역 1번 출구 |
| | 지하철 3 · 6호선 연신내역 3번 출구→704, 34번 버스로 북한산성입구 하차 |
| | 지하철 4호선 길음역 2 · 3번 출구→143, 110B 번 버스로 종점 하차 |
| | 지하철 4호선 수유역 1번 출구→강북01번 버스로 백련사 하차 |
| 루트 | 구기터널공원지킴터–족두리봉–향로봉–비봉–승가사 갈림길–승가공원지킴터 |
| 소요시간 | 4~5시간 |
| 연계산행 | 사패산, 도봉산 |
| 기타루트 | ① 북한산성탐방지원센터–대서문–무량사–대동사–인수봉 |
| | ② 정릉탐방지원센터–정릉계곡–넓적바위–깔딱고개–보국문–대남문–문수봉 |
| | ③ 백련공원지킴터–진달래능선–대동문 |

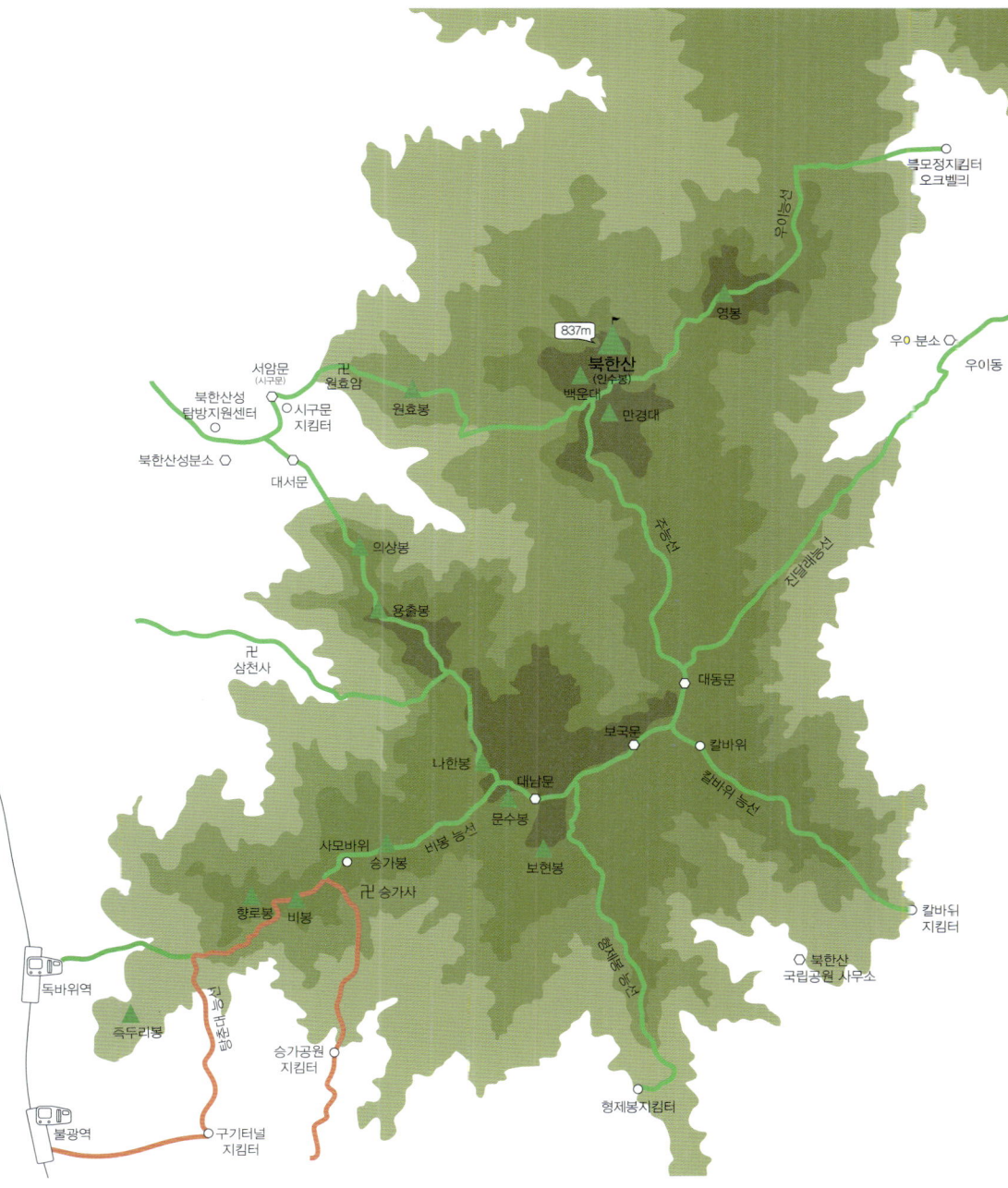

북모정지킴터
오크벨리

우이동능선

영봉

우〇분소

우이동

837m
북한산
(인수봉)

백운대

만경대

서암문
(시구문)

원효암

북한산성
탐방지원센터

시구문
지킴터

원효봉

의상봉

북한산성분소

대서문

용출봉

삼천사

숙용선

진달래능선

대동문

나한봉

보국문

칼바위

대남문

칼바위능선

사모바위

비봉능선

문수봉

승가봉

보현봉

승가사

향로봉

비봉

칼바위
지킴터

독바위역

북한산
국립공원 사무소

족두리봉

진흥왕순수비

승가공원
지킴터

형제봉능선

불광역

구기터널
지킴터

형제봉지킴터

# 북한산 둘레길

북한산이 부담스럽다면 북한산 둘레길을 추천한다. 북한산 둘레길은 북한산과 도봉산을 아우르며 두 개의 산 자락을 완만하게 걸어볼 수 있는 산책로다. 코스에 따라서는 낮은 산 하나를 오르듯 만만치 않은 구간도 있지만 북한산이나 도봉산 정식 등산루트에 비해서는 쉬운 길이다. 둘레길이라고 해도 본산의 아랫자락을 넘나드는 것인 만큼 둘레길도 그 산의 깊이를 닮는다. 전체 70km에 21개 구간이며 물길, 흙길, 숲길, 마을길이 공존한다. 이중 우이령길은 사전예약제로 인터넷으로 예약해야 하며 당일 신분증을 지참해야 한다(www.knps.or.kr).

제1구간    소나무숲길 : 우이 우이령길 입구 ~ 솔밭근린공원 상단 (3.1km, 1시간 30분, 하)
제2구간    순례길 : 솔밭근린공원 상단 ~ 이준열사묘역 입구 (2.3km, 1시간 10분, 하)
제3구간    흰구름길 : 이준열사묘역 입구 ~ 북한산생태숲 앞 (4.1km, 2시간, 중)
제4구간    솔샘길 : 북한산생태숲 앞 ~ 정릉주차장 (2.1km, 1시간, 하)
제5구간    명상길 : 정릉주차장 ~ 형제봉 입구 (2.4km, 1시간 10분 상)
제6구간    평창마을길 : 형제봉 입구 ~ 탕춘대성암문 입구 (5.0km, 2시간 30분 중)
제7구간    옛성길 : 탕춘대성암문 입구 ~ 북한산생태공원 상단 (2.7km, 1시간 40분 중)
제8구간    구름정원길 : 북한산생태공원 상단 ~ 진관생태다리 앞 (5.2km, 2시간 30분 중)
제9구간    마실길 : 진관생태다리 앞 ~ 방패교육대 앞 (1.5km, 45분 하)
제10구간   내시묘역길 : 방패교육대 앞 ~ 효자동 공설묘지 (3.5km, 1시간 45분 하)
제11구간   효자길 : 효자동 공설묘지 ~ 사기막골 입구 (3.3km, 1시간 30분 하)
제12구간   충의길 : 사기막골 입구 ~ 교현 우이령길 입구 (3.7km, 1시간 45분 하)
제13구간   송추마을길 : 교현 우이령길 입구 ~ 원각사 입구 (5.3km, 2시간 40분 하)
제14구간   산너머길 : 원각사 입구 ~ 안골계곡 (2.3km, 1시간 10분 상)
제15구간   안골길 : 안골계곡 ~ 회룡탐방지원센터 (4.7km, 2시간 20분 중)
제16구간   보루길 : 회룡탐방지원센터 ~ 원도봉 입구 (2.9km, 1시간 30분 상)
제17구간   다락원길 : 원도봉 입구 ~ 다락원 (3.1km, 1시간 30분 하)
제18구간   도봉옛길 : 다락원 ~ 무수골 (3.1km, 1시간 30분 하)
제19구간   방학동길 : 무수골 ~ 정의공주묘 (3.1km, 1시간 30분 중)
제20구간   왕실묘역길 : 정의공주묘 ~ 우이 우이령길 입구 (1.6km, 45분 하)
제21구간   우이령길 (예약제) : 우이 우이령길 입구 ~ 교현 우이령길 입구 (6.8km, 3시간 30분 중)

제14구간
산녀머길

안골계곡

제15구간
안골길

화룡탐방
지원센터

제13구간
송추
마을길

원각사 입구

제16구간
보루길

도봉산
(자운봉)

원도봉 입구

제17구간
다락원곁

교현
우이령길
입구

제21구간
우이령길
*사전예약 필요

다락원

제12구간
충의길

제18구간
도봉옛길

사기막골 입구

무수골

제11구간
효자길

정의공주묘

제19구간
방학동길

우이
우이령길
입구

제20구간
왕실
묘역길

효자동 혼설묘지

제10구간
내시
묘역길

북한산
(백운대)

제1구간
소나무
숲길

방패교육대 앞

솔밭근린공원
상단

제9구간
마실길

제2구간
순례길

진관생태다리 앞

이준열사묘역
입구

제3구간
흰구름길

제8구간
구름
정원길

북한산생태숲 앞

북한산
생태공원상단

탕춘대성암궁 입구

정릉주차장

혼제봉
입구

제4구간
솔샘길

제6구간
평창
마을길

제5구간
명상길

제7구간
옛성길

그래도 한 번쯤 정상에 오르고 싶은 이유는

# 사패산 552m

1호선 회룡역에서 사패산 산행을 시작한다. 나로서는 회룡역도 사패산도 생소한 이름이다. 집이 이 근처인 지인의 추천으로 찾아오게 된 산. 북한산이나 도봉산의 북적임이 싫고 가벼운 산행을 원하는 이들에게 그만이라는 이야기에 솔깃했다.

사패산은 북한산과 도봉산 줄기에서 뻗어나와 북한산국립공원 북쪽 끝자락에 다소곳이 들어앉은 야트막한 산이다. 오랫동안 군사보호구역으로 지정되어 있던 터라 등반객의 출입이 뜸했다. 덕분에 사패산은 사람의 발길이 끊이지 않아 샛길이 많은 북한산에 비해 보존이 잘 되어 있는 편이다. 북한산과 도봉산의 명성에 가려 아는 사람만 찾는 산이기도 하다. 덕분에 고즈넉한 산행을 즐길 수 있다. 서울에선 아무리 산속에 서라도 사람들과의 마주침을 피할 곳이란 없으니 사색을 즐기고 싶다면 이름나지 않은 산이 더 좋다.

## 산에서 느끼는 가감 없는 계절감

등산로 초입에서 길가에 우뚝 솟은 보호수가 눈길을 잡는다. 사방으로 앙상한 가지를 뻗치고 선 420여 년이나 될 회화나무는 둘레가 4.6m, 높이는 25m나 된다. 거목이 되기 위해서는 세월뿐 아니라 그 세월을 견딜 수 있는 강한 면역력도 필요했을 테다. 면역력은 시련 속에서 강해질 테니 올 겨울도 거목에게는 무의미한 날들이 아니다. 그렇다고 거목의 삶에 인내만 있는 것은 아니다. 인내가 달콤하려면 그 후의 열매가 달디 닮을 알아야만 한다.

등산로 입구부터 시작되는 회룡천은 꽝꽝 얼어붙어 있다. 겨울이 깊어졌다는 것을 꽁꽁 언 계곡을 보고서야 실감한다. 한겨울의 산, 등산로에 눈은 쌓이지 않았어도 길가의 작은 눈뭉치들이 하얗게 겨울을 알린다. "춥다추워"를 입에 달고 살았지만 눈으로는 깊은 겨울을 본 일이 드물다. 빌딩 숲을 회오리치는 찬바람이 매섭게 얼굴을 때리며 겨울임을 일러주어도 도시의 풍경에서는 어쩐지 계절감각이 무뎌진다.

봄은 찬란히 봄답게, 여름은 싱그러운 여름답게, 또 가을은 절절히 붉은 가을답게, 그리고 겨울은 매서운 겨울답게 꼼수 피우지 않고 살아내는 것이 산이다. 그 한겨울의 산자락에서 느끼는 겨울산행의 묘미는 차가운 한기 속에서 뱉어내는 뜨거운 콧김이다. 산길을 오를수록 몸은 따끈하게 덥혀지고 차가운 공기는 이마에 닿아 머리는 맑고 상쾌해진다.

잎사귀를 모두 버려 앙상하긴 해도 나무들은 그런대로 바람을 막아주고 속살을 드러낸 나무뿌리들은 발을 내딛을 공간을 내어준다. 사람을 반기는지 아닌지는 알 수 없어도 나뭇가지를 잡고, 나무뿌리를 밟으며 사람은 나무에 의지해 비탈을 오른다.

### 길은 모이고 흩어지고

회룡역에서 1.2km지점에서 길이 갈라진다. 왼쪽은 원도봉까지 이어지는 길이고 오른쪽 길은 사패산의 안골 방향이다. 양쪽 모두 북한산둘레길과 겹친다. 회룡천을 사이에 두고 왼편은 넓고 평탄한 길, 오른편은 계단을 따라 올라가는 급경사다.

요즘은 웬만한 산에는 이정표가 잘 되어 있어 길을 잃거나 헤맬 걱정은 거의 없다. 게다가 서울산에서는 평일에도 쉽게 사람들을 만날 수 있으니 여차하면 등산객들에게 길을 물으면 된다.

그럼에도 불구하고 가끔 이정표가 없는 작은 오솔길과 샛길에서 길을 잘못 들기도 한다.

길이려니 하고 가다보면 이내 사람들의 발자국이 낸 샛길이었음을 알게 된다. 혹은 버젓이 이정표가 있는데도 길을 잘못 들기도 한다. 원래 가려던 방향에서 멀어져 엉뚱한 방향으로 가기도 한다. 엉뚱한 방향으로 걸어왔어도 문제될 건 없다. 산길을 오르고 내리는 것은 매한 가지이고 자연을 벗 삼는 것도 다르지 않다. 다만 계획했던 하산길이 어긋날 경우 집으로 들어가는 길이 꼬일 수 있지만 그마저도 서울 산에서는 큰일이 아니다. 어디로 내려와도 인근에는 버스정류장이 닿아있고 거미줄처럼 뻗어있는 지하철을 만나기도 쉽다. 미로라고 생각했던 길에도 어김없이 출구는 있고 나중에 길을 되짚어 보면 길은 결국 한 방향으로 모아짐을 알게 된다.

　북한산둘레길 안골길 구간 중간에서 호암사를 거쳐 사패능선으로 오른다. 탐방센터에서 사패능선까지는 4km정도로 그 길이도 짧고 쉬엄쉬엄 가도 2시간 정도면 힘들지 않게 오를 수 있다. 흙과 바위를 밟고 가벼운 오르내림을 반복하며 사패능선을 걷는다. 일단 어느 정도

의 급경사를 오르고 나면 능선길은 편안하게 이어진다. 인생을 흔히 등산에 비유하는 것도 이 같은 오르내림 때문일 테다. 오르면 반드시 내려가야 하는 순간이 있고 한참을 내려가다보면 다시 오르막이 펼쳐진다. 단지 하루의 오르내림에도 그 힘겨움과 즐거움이 있다.

그렇게 만난 정상. 사패산의 정상풍경은 상상 이상이다. 살짝 눈이 쌓인 능선의 모습은 한 폭의 수묵화를 보는 듯 한가하다. 500m를 갓 넘은 야트막한 산에서 보는 풍경이라고는 믿어지지 않을 정도로 웅장한 맛도 있다. 도봉산과 북한산 능선이 어깨를 나란히 하고 정상에 오른 사람들을 반긴다. 숨을 헉헉거리지도 않고 올라온 산에서 감히

이런 풍경을 만끽해도 괜찮은 걸까 황송해진다. 북한산에서는 북한산이 보이지 않고 도봉산에서는 도봉산이 보이지 않더니 사패산에 오르니 북한산과 도봉산 전체의 모습이 한눈에 들어온다. 도봉산의 뾰족한 암봉에 비해 완만한 느낌의 사패산은 너그럽다. 너그러운 그 모습답게 장대한 풍경을 쉬이 허락하는 아량을 가졌다. 결국 허전한 내리막길에 들어설 것을 알지만 그래도 인생길에서 한 번쯤 정상에 오르고 픈 이유도 아마 이 같은 정상의 여유와 장대함을 느껴보고 싶어서가 아닐까.

| 가는 법 | 지하철 1호선 회룡역·의정부역 2번 출구에서 도보 20분 |
|---|---|
| | 회룡역 2번 출구에서 100m쯤 걸은 후 우회전 해 다시 100m쯤 가다보면 북한산 둘레길 이정표가 보이고 이를 따라가다보면 곧 회룡탐방지원센터가 나온다. |
| 루트 | 회룡탐방지원센터-회룡사-회룡사거리-사패능선-범골능선삼거리-사패산 정상-안골공원지킴터 |
| 소요시간 | 3~4시간 |
| 연계산행 | 도봉산 |
| 기타루트 | 사패산공원지킴터-원각사-시패산능선-사패산 정상-범골능선삼거리-범골능선-호암사-범골공원지킴터 |

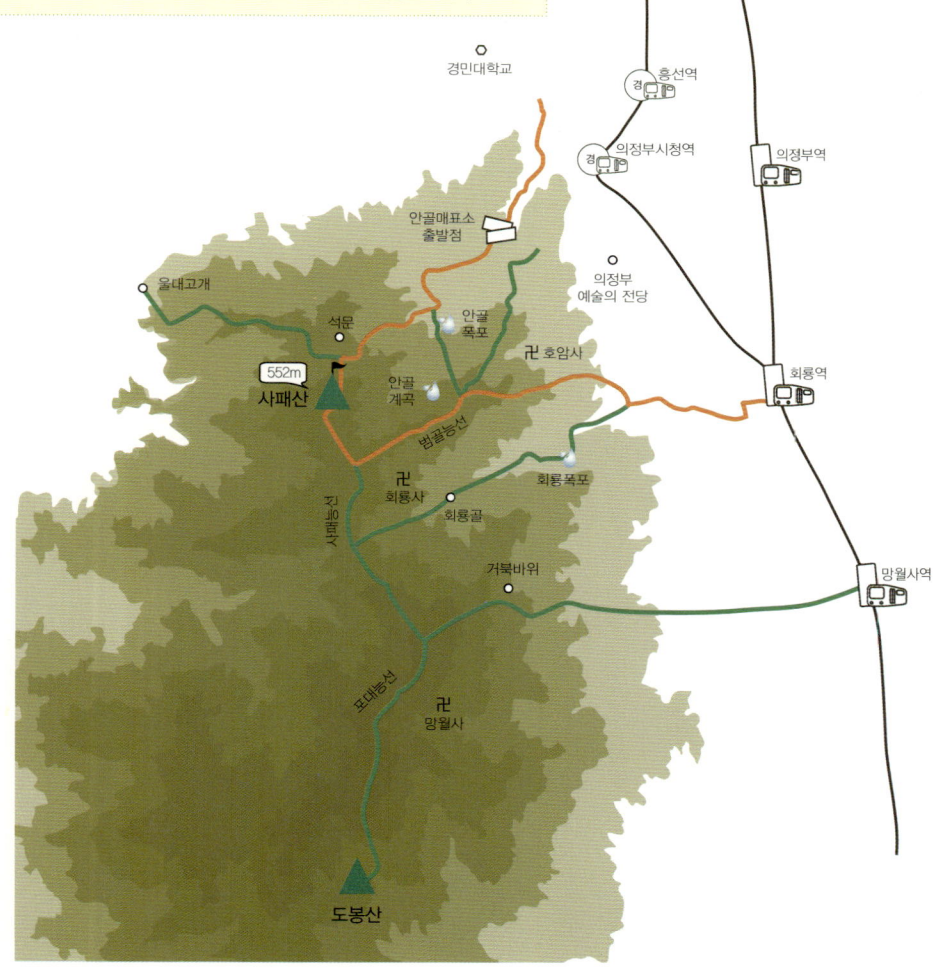

## 유예할 수 없는 행복, 나빠도 오늘!

살아가면서 시나브로 느끼는, 유예할 수 없는 행복이 있다. 그것은 계절의 변화를 느끼거나 좋은 날씨를 즐기는 것처럼 그 순간이 지나면 영영 사라져 버리는 순간의 것들이다. 작지만 사소하지 않은 시간들이다. 계절은 다시 오고 좋은 날씨도 그럴 테지만 그때의 그것들은 전과는 다른 것이다.

이 순간이 안타까운 것은 나에 의해 그리고 타인에 의해 자꾸만 미뤄지는 것들 때문이다. 나빠도 오늘, 나는 지금이다.

산은 약속 따위는 하지 않는다. 그래서 실망시킬 일도 없다. 산은 좋고 싫음의 분별이 없다. 그래서 갈등으로부터 벗어나게 해준다. 고개가 있으면 오르면 되고 넓은 바위가 있으면 쉬어가면 된다. 배가 고프면 도시락을 까먹고 간이매점이라도 나오면 막걸리 한 사발 들이켜며 갈증을 풀면 된다.

자연이 우리에게 요구하는 것은 오로지 기다림뿐이다.

봄이 오길, 그래서 갖가지 색깔의 꽃이 만발하길,

여름이 오길, 그리하여 숲은 무성하고 계곡물이 시원하게 넘쳐흐르길,

가을이 오길, 그렇게 낙엽이 떨어진 오솔길에서 높아진 하늘을 바라볼 수 있길,

겨울이 오길, 그때에는 눈밭에 발발 푹푹 빠지는 설산으로 우리를 초대하길,

그렇게 기다리기만 하면 된다.

쉬엄쉬엄 오르든, 날다람쥐처럼 날쌔게 오르든, 오르면서 비로소 산을 만나고 자연에 기댄다. 등산은 볼록한 봉우리를 오르고 또 내리는 단순한 일 같지만 사람은 오르고 내리는 동안 비우고 또 비우고, 채우고 또 채우면서 산행의 맛, 인생의 맛을 알아간다. 산이 말없이 전하는 삶의 보충수업이다.

2012년, 이런저런 일들로 많이 바쁘고 많이 아픈 날들이었다.

그런 와중에, 8개월 동안 짧은 보충수업을 받은 내 몸은 한결 가벼워졌다. 마음은…, 아직 보충수업이 더 필요하단다. 그간 주말산행을 함께해온 멋쟁이 언니들은 이 수업을 더 연장하자고 한다. 수업은 한동안 기약 없이 계속될 것 같다. 너와 나의 마음이 숲처럼 강건하고 안온해질 때까지는….

이 글을 빌어 그동안 함께 동행해주시고 자신도 모르게 사진 속 모델이 되어 준 여러 분들께 감사한 마음 전하고 싶다.